包与容的人生必修课

文娟　编著

图书在版编目（CIP）数据

包与容的人生必修课 / 文娟编著. -- 长春 : 吉林文史出版社, 2019.2（2021.12重印）

ISBN 978-7-5472-5849-1

Ⅰ. ①包… Ⅱ. ①文… Ⅲ. ①人生哲学-通俗读物Ⅳ. ①B821-49

中国版本图书馆CIP数据核字(2019)第021948号

包与容的人生必修课

出 版 人　张　强
编 著 者　文　娟
责任编辑　弭　兰
封面设计　韩立强
出版发行　吉林文史出版社有限责任公司
地　　址　长春市净月区福祉大路5788号出版大厦
印　　刷　天津海德伟业印务有限公司
版　　次　2019年2月第1版
印　　次　2021年12月第3次印刷
开　　本　880mm × 1230mm　1/32
字　　数　193千
印　　张　8
书　　号　ISBN 978-7-5472-5849-1
定　　价　38.00元

前　言

自古以来，包容就是人们立身处世的大智慧。《尚书》云："有容，德乃大。"《周易》云："君子以厚德载物。"《老子》云："江海之所以能为百谷王者，以其善下之。"佛教更是劝诫人们修行忍辱，"大肚能容，容天下难容之事"，达到"心包太虚，量周沙界"境界。包容是一种美好的心性，是一种博大的胸襟，是一种能够放下一切的气度，是一种淡定从容的洒脱，是一种俯仰自如的风度。一个人一生成就的大小，很大程度上就是由他包容的大小决定的，正如一位哲人说的那样：心胸有多大，事业就有多大；包容有多少，拥有就有多少。纵观古今成大事业者，无不有海纳百川的肚量，所谓"量小非君子""将军额上能跑马，宰相肚里能撑船"。因此，包容实是人生必不可缺少的智慧，是一堂人生的必修课。

包容是为人处世中与他人和谐共处的良方。人生在世，不可能离群索居，人与人彼此相处，哪怕个个心地善良，也难免会发生磕碰和磨擦。譬如朋友间的误会、同事间的纠葛、邻里间的纷争、夫妻间的争吵，等等。矛盾是无处不在的，有了矛盾，重要的是面对现实，用包容去化解矛盾。若只是一味斤斤计较，像故事中的海格力斯那样逞强好胜，便会自寻烦恼，制造痛苦，徒伤感情，甚而结成冤仇。要想切断仇恨的源头，唯一的办法就是学会包容。包容人，包容事，忍下的是一时之气，得到的却是长久的安然、宁静、和谐与友好，其善莫大焉。俗话说："与人方便，自己方便。"所以说，包容是人生的一座桥，将彼此间的心灵沟通。走过这座桥，人们的生命就会多一份空间，多一份爱心；人们的生活就会多一份温暖，多一份阳光。

包容是化解和升华人生一切苦痛的力量。其实每个生命都是被上帝咬过一口的苹果，每种人的生活都免不了苦难，包容你所遭受的伤害、折磨、痛苦，你就会感到生命道路两旁，困难固然有，更多的是花香；荆棘固然在，而更多的是山风猎猎、海浪沧沧。在不断的磨砺中成长，在风吹雨打的荷溏里守望着盛夏，这就是对包容最好的诠释。生活中固然有苦难，但由于不懈的奋斗，由于不断的仰望、攀援，生命才不至于全然黯淡，而变得熠熠生辉，获得了崇高的意义。学会包容吧，它能让你在风暴中安稳如磐石，不会轻易被击碎；学会包容吧，它能让你在苦难中挺直脊梁，拥有生命的尊严；学会包容吧，它能让你在野花中看见天堂，让生活充满希望。

包容更是成就事业的基石。在现代社会，一个人要成就一番事业，不可能靠单打独斗，必须得有强有力的团队和广阔的人脉网络。而这一切的拥有都得靠包容的胸怀。团队是若干人的集合体，既然是若干人，就可能个性、气质和能力特点迥异。不同类型员工，既有所长也伴有所短。毕竟，人无完人，金无足赤。这就要求团队的领导者要有海纳百川的肚量，用人不求全责备，用其所长，容其所短。虽然说没有完美的人，但由不完美的不同类型的人搭配而成的团队，却有可能消弭所短而尽显所长，造就臻于完美的团队。这就是我们所说的 1+1>2 的团队效应。有了这样的团队效应，领导者才能开创出一番由个人力量无法实现的伟业。而一个格局很小、境界很低、心胸狭隘的人永远不可能干出一番大的事业。

同时，经营事业，除了要管理多元化的员工队伍外，还要面对各式各样的客户、供应商、政府官员、社会组织等，社会上形形色色的人都有，要处理好复杂的关系就需要高超的技能和一颗包容的心，让所有人都成为你的资源，做到了，你的事业才会不断壮大。所以说，你的包容有多广，你的事业就有多大。

总之，包容是洞明世事、练达人情的一种处世哲学，是一种拿得起放得下的潇洒，“处世让一步为高，退步即进步的张本；待人宽一分是福，利人实利己的根基”。包容是一种非凡的气度、宽广的胸怀，是对人对事的接纳和宽恕；包容是一种高贵的品质、崇高的境界，是精神的成熟和心灵的丰盈；包容是一种生存的智慧和生活的艺术，是那种看透了社会人生后的从容、自信和超然。懂得包容的人总能得到别人的尊重与帮助，懂得包容的人会因为谦和的姿态受到他人的欢迎和喜爱，懂得包容的人无时无刻不处于和谐之中，无论工作、事业还是生活都顺风顺水。懂得包容，你才能成就无悔、和乐、健康、美满的人生。

目 录

第一章 有一种智慧叫包容

第二章　笑对苦难，包容人生的泥泞坎坷

第三章　悦纳自己，包容自身的不完美

第四章 化解矛盾，一分包容胜过十分责备

第五章 合作共事，包容大度方能成就大业

第六章　包容下属，柔性的管理力量

第七章　多点包容，爱情才会走得更深更远

第八章　婚姻家庭，包容的心才是人生的港湾

第九章　原谅生活，才能更好地生活

第十章　包容的方与圆

第一章

有一种智慧叫包容

人的心胸就好比芥子

唐朝时，江州刺史李渤，问智常禅师道："佛经上所说的'须弥藏芥子，芥子纳须弥'未免失之玄奇了，小小的芥子，怎么可能容纳那么大的一座须弥山呢？过分不懂常识，是在骗人吧？"

智常禅师闻言而笑，问道："人家说你'读书破万卷'，可有这回事？"

"当然！当然！我读的书岂止万卷？"李渤得意洋洋地说。

"那么你读过的万卷书如今何在？"

李渤抬手指着头说："都在这里了！"

智常禅师道："奇怪，我看你的头颅也只有一个椰子那么大，怎么可能装得下万卷书？莫非你也骗人吗？"

李渤顿时目瞪口呆，无话可说。

就像可以装下须弥山的小小芥子一样，人的心灵像一个小小的宇宙，能够装下目力所及的一切，甚至还能装下想象中的无穷空间，心境浩瀚则无边界。圣严法师把上述公案中的禅理用之于职场，即是告诫职场中人必须拥有开阔的心胸。

何谓"心胸开阔"？法师将这类人分为了两种：一种人心胸开阔、知天乐命；另一种就要求创业者拥有超越利害得失、成败是非的心态。

第一种人生性乐观，即使面对职场中的诡谲风云，依然能够自得其乐。但是，这种人的缺点在于可能因过分乐观而变得对什么都不在乎，当事业顺利时，他能在谈笑间运筹帷幄；当无所事事时，

他也不以为意。

与第一种人相比，第二种人追求更精彩的人生，同时，他们的人生态度也更加积极：他们渴望一展宏图，面对挫折时不会像第一种人一样毫不在意，但也不会因职场的不顺、事业的失利而自伤自怜，而是能够自我宽慰，重新出发。

举一个简单的例子，圣严法师所在的农禅寺经常遭遇台风的袭击。某一年台风来袭之前，圣严法师让弟子将寺中低洼处的物品都搬到了高台上，但是由于雨水过多，农禅寺还是被淹了，损失很大。但圣严法师却并不因此难过，“面对这无奈的事实，我认为既然已经尽力处理了，无论结果如何、有没有损失，都不必那么在意，只要全心处理善后就好”。

这正是真正开朗的心胸，遇事竭尽全力，即使无法挽回也不抱怨生活。这种态度对所有人来说都有裨益，处于紧张、忙碌、压抑的职场环境中的人更应该好好体会。

一天，一位企业家来向圣严法师求教。原来是因为受到经济危机的影响，他的企业逐渐走着下坡路。想到昔日的辉煌，这位企业家内心非常痛苦。

圣严法师劝慰他说：“最初你不是白手起家的吗？那时候你什么都没有，只是后来生意才渐渐做大的。现在不过是回到了原点，或者说是比你的起点更高一层的地方，你只是失去了你曾经就没有的东西，何苦为它烦恼？”

企业家说：“如果一开始就没有，那么我也不会这么痛苦。恰恰是因为我有过那么多钱，但现在全赔进去了，我才会割舍不下，又不知如何是好。”

“生不带来，死不带去，你本也知道钱财是身外物。至于你内心的痛苦，能处理的就处理，不能处理的就放下。一切从头开始，不也很好吗？”

“那也就是说我大概没有东山再起的希望了吧！”企业家失望地说。

圣严法师合掌说道：“不要这么想，即使这一生没有希望，来生还有希望，永远都有希望的。更何况在你面前，还有那么多重新开始的机会。”

这位企业家的苦恼就在于他心胸虽然宽广，却都被高远的志向占据，没有给可能出现的挫折留下一点空间，以至于他无法豁达面对暂时的失败。

纵观风起云涌的职场，每个人可能都是一颗微不足道的芥子，但其中那些心胸开朗的芥子，不仅有足够的胸怀容纳须弥山，也有化解一切挫折的涵养。

胸襟的大小可以丈量你的世界

为人处世，首先应当提倡“豁达大度”的胸怀。豁达，即性格开朗；大度，即气量宏大。合起来就是说，我们在处理人际关系时，要气量宽宏，能够容人。

气量和容人，犹如器之容水，器量大则容水多，器量小则容水少，器漏则上注而下逝，无器者则有水而不容。

气量大的人，容人之量、容物之量也大，能和各种不同性格、不同脾气的人们处得来。能兼容并包，听得进批评自己的话。也能忍辱负重，经得起误会和委屈。

古语云：“大度集群朋。”一个人若能有宽宏的度量，那么他

的身边便会集结起大群的知心朋友。大度，表现为对人、对友能“求同存异”，不以自己的特殊个性或癖好律人，唯以事业上的志同道合为交友基础。大度，也表现为能听得进各种不同意见，尤其能认真听取相反的意见。大度，还要能容忍朋友的过失，尤其是当朋友对自己犯有过失时，能不计前嫌，一如既往。大度，更应表现为能够虚心接受批评，一经发现自己的过失，便立即改正；和朋友发生矛盾时，能够主动检查自己，而不文过饰非，推诿责任。大度者，能够关心人，帮助人，体贴人，责己严，待人宽。

气量大，还表现为在小事上不顶真，不为小事斤斤计较、耿耿于怀。人生在世，谁都会碰到这样或那样的使人不快的小摩擦、小冲突。别人触犯了自己，就犯颜动怒，或者记下一笔，“秋后算账”，这样只会把自己孤立起来。“私怨宜解不宜结”，在处理朋友关系当中，尤其应当如此。“大事清楚，小事糊涂”，不计较小事，这是一种美德。如果朋友之间能够心地坦然，互相信赖，互相谅解，有了意见能及时交换，那么彼此之间即使有些成见也是不难消除的。有些青年相互之间容易结死疙瘩，就是因为心胸狭窄，气量狭小，爱纠缠小事，时间长了，意见变成见，怨气变成怨恨，感情上就会格格不入转而反目成仇。在小事上宽大为怀，不会使你蒙受损失，只会使你受人敬佩。

西汉时的韩信，在年轻潦倒之时，曾有人逼他从胯下钻过去，实在是够欺人的。后来韩信被刘邦拜为大将，不但没有杀这个人，反而赏之以金，委之以官，使其大受感动，不仅消除了私怨，最后还成了舍命保护韩信的勇士。韩信这种“以德报怨”的方法，比起有些青年一感到被欺负就“针锋相对”“以牙还牙”的做法来，实在要高明得多。

一个人的气量是大是小，在心平气和时较难鉴别，而当与他人发生矛盾和争执时，就容易看清楚了。气量宽宏的人，不把小矛盾放在心上，不计较别人的态度，待人随和。而气量狭小的人，则往往偏要占个上风，讨点便宜。还有的人在和别人的争论中，当自己处于正确的一方，成为胜利者的时候，则心情舒坦，较为愿意谅解对方；但当自己处于错误的一方，成为失败者的时候，则往往容易恼羞成怒，对人家耿耿于怀，这也是气量小的一个表现。朋友之间的争论是常有的，一个真正豁达大度的人，不应该因为别人和自己争论问题而对人家耿耿于怀，更不应该因为别人驳倒了自己的意见而恼羞成怒。

宽宏的度量，往往包含在谅解之中。要想见到不顺心的事而不发脾气，就必须养成能够原谅他人的缺点和过失的习惯。待人接物，不能过于苛求，“水至清则无鱼，人至察则无徒”，对别人过于苛求，往往使自己跟别人合不来。社会是由各式各样的人组成的，有讲道理的，也有不讲道理的，有懂事多的，也有懂事少的，有修养深的，也有修养浅的，我们总不能要求别人讲话办事都符合自己的标准和要求。真正的豁达大度者，当那些懂事较小、度量较小、修养较浅的人做了得罪自己的事情时，能够宽容他们，谅解他们，不和他们一般见识。从这个意义上说，那些最豁达、最能宽容人的人，乃是最善于谅解人、最通达世事人情的人。

豁达的度量，从根本上说是来自一个人宽广的胸怀。一个人倘若没有远大的生活理想和目标，其心胸必然狭窄，就像马克思所形容的那样：愚蠢庸俗、斤斤计较、贪图私利的人，总是看到自以为吃亏的事情。比如，一个毫无教养的人常常只是因为一个过路人看了他几眼，就把这个人看做世界上最可恶和最卑鄙的坏蛋。

眼睛只盯着自己的私利，根本不可能有豁达和宽容的胸怀和度量。“心底无私天地宽。”只有从个人私利的小圈子中解放出来，心里经常装着更远、更大目标的人，才能具备宽广的胸怀，领略到海阔天空的精神境界。

放开胸怀得到的是整个世界

我们说心就像一个人的翅膀，心有多大，世界就有多大。但如果不能打碎心中的四壁，你的翅膀就舒展不开，即使给你一片大海，你也找不到自由的感觉。

有一条鱼在很小的时候被捕上了岸，渔人看它太小，而且很美丽，便把它当成礼物送给了女儿。小女孩把它放在一个鱼缸里养了起来，每天这条鱼游来游去总会碰到鱼缸的内壁，心里便有一种不愉快的感觉。

后来鱼越长越大，在鱼缸里转身都困难了，女孩便给它换了更大的鱼缸，它又可以游来游去了。可是每次碰到鱼缸的内壁，它畅快的心情便会黯淡下来，它有些讨厌这种原地转圈的生活了，索性静静地悬浮在水中，不游也不动，甚至连食物也不怎么吃了。女孩看它很可怜，便把它放回了大海。

它在海中不停地游着，心中却一直快乐不起来。一天它遇见了另一条鱼，那条鱼问它："你看起来好像闷闷不乐啊！"它叹了口气说："啊，这个鱼缸太大了，我怎么也游不到它的边！"

我们是不是就像那条鱼呢？在鱼缸中待久了，心也变得像鱼缸一样小了，不敢有所突破。即使有一天，到了一个更为广阔的空间，已变得狭小的心反倒无所适从了。

打开自己，需要开放自己的胸怀。

开放，是一种心态、一种个性、一种气度、一种修养；是能正

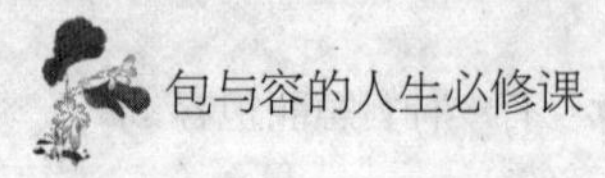

确地对待自己、他人、社会和周围的一切；是对自己的专业和周围的世界都怀有强烈的兴趣，喜欢钻研和探索；是热爱创新，不墨守成规，不故步自封，不固执僵化；是乐于和别人分享快乐，并能抚慰别人的痛苦与哀伤；是谦虚，承认自己的不足，并能乐观地接受他人的意见，而且非常喜欢和别人交流；是乐于承担责任和接受挑战；是具有极强的适应性，乐意接受新的思想和新的经验，能够迅速适应新的环境；是坚强的心胸，敢于面对任何的否定和挫折，不畏惧失败。

不打开自己，一个人就不可能学会新东西，更不可能进步和成长。开放的胸怀，是学习的前提，是沟通的基础，是提升自我的起点。在一个组织里，最成功的人就是拥有开放胸怀的人，他们进步最快，人缘最好，也容易获得成功的机会。

具有开阔胸怀人，会主动听取别人的意见，改进自己的工作。比尔·盖茨经常对公司的员工说："客户的批评比赚钱更重要。从客户的批评中，我们可以更好地汲取失败的教训，将它转化为成功的动力。"比尔·盖茨本人就是一个心态非常开放的人，他鼓励公司里每个人畅所欲言，当别人和他有不同意见时，他会很虚心地去听。每次公开讲演之后，他都会问同事哪里讲得好，哪里讲得不好，下次应该怎样改进。这就是世界首富的作风，也是他之所以能成为首富的潜质。

开放的心自由自在，可以飞得又高又远；而封闭的心像一池死水，永远没有机会进步。如果你的心过于封闭，不能接纳别人的建议，就等于锁上了一扇门，禁锢了你的心灵。要知道褊狭就像一把利刃，会切断许多机会及沟通的管道。

花草因为有土壤和养分才会茁壮成长、绽放美丽，人的心灵也必须不断接受新思想的洗礼和浇灌，否则智慧就会因为缺乏营养而枯萎死亡。

蚌含沙而孕珍珠，人大量而容天地

据古书记载：孟子第一次见梁惠王的儿子襄王时，走出来对大家说："望之不似人君，就之而不见所畏焉。"意思是远远地看襄王根本没有君主的样子，近处观察发现他没有一点谦虚之德和恐惧戒慎之心，可见其器量之狭小。

对此，南怀瑾先生感慨地说："越是有德的人，当他的地位越高，临事时就越是恐惧，越加小心谨慎……不但一国君主应该戒慎恐惧，就是一个平民，平日处世也应该如此，否则的话，稍稍有一点收获，就志得意满。赚了一千元，就高兴得一夜睡不着，这就叫做'器小易盈'，有如一个小酒杯，加一点水就满溢出来了，像这样的人，是没有什么大作为的。"在南先生看来，古人立身修德，应当追求"海纳百川，有容乃大；壁立千仞，无欲则刚"之境界；那些目光短浅、骄傲自大之辈，是绝不会成就大事的。

法国大作家雨果说："世界上最广阔的是海洋，比海洋更广阔的是天空，比天空更广阔的是人的胸怀。"器量和胸怀决定了一个人生存的高度。对于一个人来说，器量是处世立身的根本，它被放得越宽泛，生命的丈量尺度就越难以计算。器量，是一种不需投资便能得到的精神高级滋补品；是一种保持身心健康、具有永久疗效的"维生素"；是一种宠辱不惊，笑看庭前花开花落的清醒剂；是一种使人做到骤然临之而不惊，无故加之而不怒的智慧和定力。器量，鄙视的是斤斤计较、蝇营狗苟和鼠目寸光的行为；崇尚的是磊落坦荡、无私无畏和志存高远的品格；失去的是不平、烦恼和怨恨；得到的是友情、快乐和幸福；抛弃的是狭隘、偏激、小气和毫无意义的你争我斗；得来的是宽广、博大、舒畅和融洽的人际关系。

南非的民族斗士曼德拉，因为带领人民反对白人种族隔离政策而入狱，白人统治者把他关在荒凉的大西洋小岛罗本岛上 27 年。当时尽管曼德拉已经步入老年，但是白人统治者依然像对待年轻犯人一样对待他。

曼德拉被关在总集中营一个“锌皮房”里，他的任务是将采石场采的大石块碎成石料，有时从冰冷的海水里捞取海带，还做采石灰的工作。因为曼德拉是要犯，专门看守他的就有三个人，他们对他并不友好，总是寻找各种理由虐待他。

27 年的监狱生活并没有打倒曼德拉，他坚强地走出监狱，获得了自由。1991 年，他被选为南非总统。曼德拉在他的总统就职典礼上的一个举动震惊了整个世界。总统就职仪式开始时，曼德拉起身致欢迎词。他先介绍了来自世界各国的政要，然后他说，他深感荣幸能接待这么多尊贵的客人，但他最高兴的是当初他被关在罗本岛监狱时看守他的三名前狱方人员也能到场，然后他把这三人介绍给了大家。

曼德拉博大的胸襟和崇高的精神，让那些残酷虐待了他 27 年的白人无地自容，也让所有到场的人肃然起敬。看着年迈的曼德拉缓缓站起身来，恭敬地向三个曾关押他的看守致敬，世界在那一刻平静了。

事后，曼德拉向朋友们解释说，自己年轻时性子很急，脾气暴躁，正是在狱中学会了控制情绪才活了下来。他的牢狱岁月给他时间与激励，使他学会了如何面对苦难。他说，感恩与宽容经常是源自痛苦与磨难的，必须以极大的毅力来训练。身陷囹圄的时候，如

不能把悲痛与怨恨留在身后，那么这个人其实仍在狱中，因为他的心灵始终都处于禁锢的状态。

匆匆百年红尘，人生不如意之事常八九。面对挫折、苦难，是否能保持一份豁达的胸怀，是否能保持一种积极向上的人生态度，需要博大的胸襟与非凡的气度。所以，先哲提倡“风物长宜放眼量”，人生重在追寻长久的精神底蕴，不必计较一时的成败得失。忍受孤独，在彷徨失意中修养自己的心灵，这就是最大的收获，如蚌之含沙，在痛苦中孕育璀璨的珍珠。

豁达的人生源自一颗懂得宽容的心

无论对谁，都需要多一份宽容，宽容是人们对生命的感恩与尊重，对情谊的难以割舍。宽容是一种美德，我们要有自己的行动，我们要有一颗宽大的心。宽容，可以唤醒别人的良知，可以让自己更加坦然。宽容别人，而不是一味地责怪，抱怨，我们将由此收获豁达与尊重。

曾任美国总统的福特在大学里是一名橄榄球运动员，身体非常好，所以他在62岁入住白宫时，他的身体仍然非常挺拔结实。当了总统以后，他仍继续滑雪、打高尔夫球和网球，而且擅长这几项运动。

在1975年5月，他到奥地利访问，当飞机抵达萨尔茨堡，他走下舷梯时，他的皮鞋碰到一个隆起的地方，脚一滑就跌倒了。他跳了起来，没有受伤，但使他惊奇的是，记者们竟把他这次跌倒当成一项大新闻，大肆渲染起来。在同一天，他又在丽希丹宫的被雨淋滑了的长梯上滑倒了两次，险些跌下来。随即一个奇妙的传说散播开了：福特总统笨手笨脚，行动不灵敏。自萨尔茨堡以后，福特每次跌跤或者撞伤头部或者跌倒雪地上，记者们总是添油加醋地把消息向全世界报道。后来，竟然反过来，他不跌跤也变成新闻了。哥伦比亚广播公司曾这样报道说："我一直在等待着总统撞伤头部，或者扭伤胫骨，或者受点轻伤之类的来吸引读者。"记者们如此的渲染似乎想给人形成一种印象：福特总统是个行动笨拙的人。电视节目主持人还在电视中和福特总统开玩笑，喜剧演员切维·蔡斯甚至在《星期六现场直播》节目里模仿总统滑倒和跌跤的动作。

福特的新闻秘书朗·聂森对此提出抗议，他对记者们说："总统是健康而且优雅的，他可以说是我们能记得起的总统中身体最为健壮的一位。"

"我是一个活动家，"福特抗议道，"活动家比任何人都容易跌跤。"

他对别人的玩笑总是一笑置之。1976年3月，他还在华盛顿广播电视记者协会年会上和切维·蔡斯同台表演过。节目开始，蔡斯先出场。当乐队奏起《向总统致敬》的乐曲时，他"绊"了一跤，跌倒在歌舞厅的地板上，从一端滑到另一端，头部撞到讲台上。此时，每个到场的人都捧腹大笑，福特也跟着笑了。

当轮到福特出场时，蔡斯站了起来，佯装被餐桌布缠住了，弄得碟子和银餐具纷纷落地。蔡斯装出要把演讲稿放在乐队指挥台上，可一不留心，稿纸掉了，撒得满地都是。众人哄堂大笑，福特却满不在乎地说道："蔡斯先生，你是个非常、非常滑稽的演员。"

生活是需要睿智的。如果你不够睿智，那至少可以豁达。以乐观、豁达、体谅的心态看问题，就会看出事物美好的一面；以悲观、狭隘、苛刻的心态去看问题，你会觉得世界一片灰暗。两个被关在

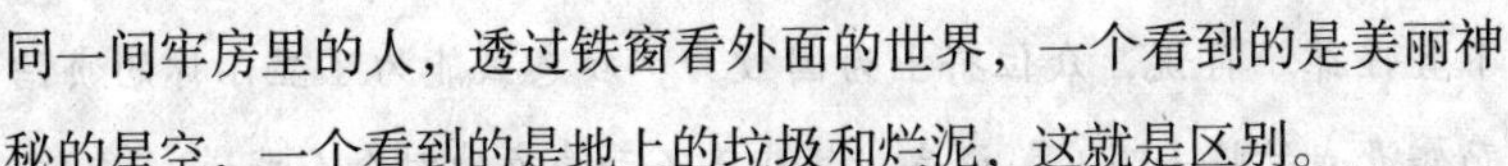

同一间牢房里的人，透过铁窗看外面的世界，一个看到的是美丽神秘的星空，一个看到的是地上的垃圾和烂泥，这就是区别。

面对嘲笑，最忌讳的做法是勃然大怒，大骂一通，其结果只会让嘲笑之声越来越炽。要让嘲笑自然平息，最好的办法是一笑了之。一个目标坚定的人，不会去考虑别人多余的想法，而是有风度、有气概地接受一切非难与嘲笑。伟大的心灵多是海底之下的暗流，唯有小丑式的人物，才会像一只烦人的青蛙一样，整天聒噪不休！

包容比惩罚更有力量

《菜根谭》中说："遇欺诈的人，以诚心感动之；遇暴戾的人，以和气熏蒸之；遇倾邪私曲的人，以名义气节激励之。"意思是，遇到狡诈不诚实的人，用真诚去感动他；遇到粗暴乖戾的人，用平和去感染他；遇到行为不正、自私自利的人，用正义感去激励他。

惩罚人的过错，不如引人为善。因为没有谁愿意成为众人唾弃的对象，一句劝告的忠言胜过一条惩罚的皮鞭。

一次，楚庄王因为打了大胜仗，十分高兴，便在宫中召开盛大晚宴，招待群臣。宫中一片热火朝天，楚庄王也兴致高昂，让自己最宠爱的妃子许姬替群臣斟酒助兴。

忽然一阵大风吹进宫中，蜡烛被风吹灭，宫中立刻漆黑一片。黑暗中，有人扯住许姬的衣袖想要亲近她。许姬便顺手拔下那人的帽缨挣脱离开，来到楚庄王身边告诉楚庄王："有人想趁黑暗调戏我，我已拔下了他的帽缨，请大王快吩咐点灯，看谁没有帽缨就把他抓起来处置。"

楚庄王说："且慢！今天我请大家来喝酒，酒后失礼是常有的事，不宜怪罪。再说，众位将士为国效力，我怎么能为了显示你的贞洁而辱没我的将士呢？”说完，楚庄王不动声色地对众人喊道：“各位，今天寡人请大家喝酒，大家一定要尽兴，请大家都把帽缨拔掉，不拔掉帽缨不足以尽欢！”群臣都拔掉自己的帽缨后，楚庄王再命人重新点亮蜡烛，宫中一片欢笑，众人尽欢而散。

三年后，晋国进攻楚国，楚庄王亲自带兵迎战。交战中，楚庄王发现军中有一员将官总是奋不顾身，冲杀在前，所向无敌。众将士也在他的影响和带动下，奋勇杀敌，斗志高昂。这次交战，晋军大败，楚军大胜回朝。

战后，楚庄王把那位将官找来，问他：“寡人见你此次战斗奋勇异常，寡人平日好像并未对你有过什么特殊好处，你为什么如此冒死奋战呢？”那将官跪在庄王阶前，低着头回答说：“三年前，臣在大王宫中酒后失礼，本该处死，可是大王不仅没有追究问罪，反而设法保全我的面子，臣深深感动，对大王的恩德牢记在心。从那时起，我就时刻准备用自己的生命来报答大王的恩德。这次上战场，正是我立功报恩的机会，所以我才不惜生命，奋勇杀敌，就是战死疆场也在所不惜。大王，臣就是三年前那个被王妃拔掉帽缨的罪人啊！”

一番话使楚庄王和在场将士大受感动，楚庄王走下台阶将那位将官扶起，将官已是泣不成声。

楚庄王如果有心追究，那个犯了错的将官一定是死路一条，但是，楚庄王的宽容给了他生的机会，也给自己赢得了胜利的机会。西方人常说“赠人玫瑰，手有余香”，给别人带来好处，自己也能从中收获付出的幸福感。自私自利、心胸狭窄的人，就很难体会到这样的满足感。

孰能无过？人会在一时冲动之后犯下错误，那时他已经感到内疚，最需要的不是增加惩罚，而是得到谅解和宽容。与其痛惩他的过错，不如用宽容的心对待他，引他为善，世上就少了一个恶人，多了一个善士。

包容的实质是包容自己

“当紫罗兰被脚踩扁的时候，却把芳香留给了它。”这是美国作家马克·吐温给宽容作的一个最为形象的注解。其实，宽容别人的同时，也是释放自己的过程。

一位画家在集市上卖画，不远处，前呼后拥地走来一位大臣的孩子，这位大臣在年轻时曾经把画家的父亲欺诈得心碎而死。孩子在画家的作品前流连忘返，并且选中了一幅，画家却匆匆用一块布把它遮盖住，并声称这幅画不卖。

从此以后，孩子因为心病而变得憔悴，最后，他父亲出面了，表示愿意出一笔高价买这幅画。可是，画家宁愿把那幅画挂在自己画室的墙上，也不愿意出售。他阴沉着脸坐在画前，自言自语地说：“这就是我的报复。”

每天早晨，画家都要画一幅他信奉的神像，这是他表示信仰的唯一方式。

可是现在，他觉得所画神像与他以前画的神像日渐相异。这使他苦恼不已，他不停地找原因。忽然有一天，他惊恐地丢下手中的画，跳了起来：他刚画好的神像的眼睛，竟然是那位大臣的眼睛，嘴唇也是那么的酷似。

他把画撕碎，并且高喊：“我的报复已经回报到我的头上来了！”

报复会把一个好端端的人驱向疯狂的边缘，使你的心灵不能得到片刻安静。

宽容的实质不是宽容别人，而是宽恕自己。唯有宽容，才能抚慰你暴躁的心绪，弥补不幸对你的伤害，让你不再纠缠于心灵毒蛇的咬噬中，从而获得自由。

我们常常在自己的脑子里预设了一些规定，以为别人应该有什么样的行为，如果对方违反规定就会引起我们的怨恨。其实，因为别人对我们的“规定”置之不理就感到怨恨，是一件十分可笑的事。大多数人都以为，只要我们不原谅对方，就可以让对方得到一些教训，也就是说：只要我不原谅你，你就没有好日子过。而实际上，不原谅别人，表面上是那人不好，其实真正倒霉的却是我们自己，因为不肯宽容会产生愤恨和沮丧，愤恨首先破坏的是你自己的健康。

要做到宽容，起码要做到两条：首先，你发现自己原来也有很多的缺点，自己原来也有亏欠人的地方，自己本身并不是一个完人；而发现你原来认为最不好的人，也有一些你没有的优点。所以，要学会看到自己的弱点，看到别人的优点。考虑问题时要试试站在对方的角度出发，求大同，存小异。这样你才能够善待他人，也善待自己。

宽容别人的同时，自己也就把怨恨或嫉恨从心中排掉，才会怀着平和与喜悦的心情看待任何人和任何事，会带着愉快的心情生活。所以，能在生活的磨难中逐步学会宽容，能宽容他人的人，心里的苦和恨比较少，或者说，心胸比较宽阔的人，就容易宽容他人。当你对别人宽容之时，也是对你自己的宽容。明明是对方错怪了你，对方欺骗了你，对方伤害了你，照样没有怨恨在心头。那么，对坏人也要宽容吗？正确的回答是，你不以牙还牙，就是宽容。

所以要让自己快快乐乐地生活在充满爱的世界里，自己首先要做一个宽宏大量的人。要真正做到宽容并不容易，如果你心里有恨

和苦，宽容不了他人；或者，如果你认同宽容是很高尚的行为，不过难以时时做到，你应该远离品头论足的人，随着时间的推移，你会发现，你的宽容多了，你心里的平安和喜悦也多了。

逐步做到宽容，是一个人成长和进步的过程。因为宽容，你会始终生活在平静健康之中；因为宽容，你会成为婚姻的赢家；因为宽容，你会成为事业的赢家；因为宽容，你会成为幸福的赢家。宽容可以让生活变得美好许多，会让这个世界充满爱。

博大的心量可以稀释一切痛苦烦恼

从前有座山，山里有座庙，庙里有个年轻的小和尚，他过得很不快乐，整天为了一些鸡毛蒜皮的小事唉声叹气。后来，他对师傅说："师傅啊！我总是烦恼，爱生气，请您开示开示我吧！"

老和尚说："你先去集市买一袋盐。"

小和尚买回来后，老和尚吩咐道："你抓一把盐放入一杯水中，待盐溶化后，喝上一口。"小和尚喝完后，老和尚问："味道如何？"

小和尚皱着眉头答道："又咸又苦。"

然后，老和尚又带着小和尚来到湖边，吩咐道："你把剩下的盐撒进湖里，再尝尝湖水。"弟子撒完盐，弯腰捧起湖水尝了尝，老和尚问道："什么味道？"

"纯净甜美。"小和尚答道。

"尝到咸味了吗？"老和尚又问。

"没有。"小和尚答道。

老和尚点了点头，微笑着对小和尚说道："生命中的痛苦就像盐的咸味，我们所能感受和体验的程度，取决于我们将它放在多大的容器里。"小和尚若有所悟。

老和尚所说的容器，其实就是我们的心量，它的“容量”决定了痛苦的浓淡，心量越大烦恼越轻，心量越小烦恼越重。心量小的人，容不得，忍不得，受不得，装不下大格局。有成就的人，往往也是心量宽广的人，看那些“心包太虚，量周沙界”的古圣大德，都为人类留下了丰富而宝贵的物质财富和精神财富。

其实，我们每个人一生中总会遇到许多盐粒似的痛苦，它们在苍白的心空下泛着清冷的白光，如果你的容器有限，就和不快乐的小和尚一样，只能尝到又咸又苦的盐水。

一个人的心量有多大，他的成就就有多大，不为一己之利去争、去斗、去夺，扫除报复之心和嫉妒之念，则心胸广阔天地宽。当你能把虚空宇宙都包容在心中时，你的心量自然就能如同天空一样博大。无论荣辱悲喜、成败冷暖，只要心量放大，自然能做到风雨不惊。

寒山曾问拾得：“世间有人谤我、欺我、辱我、笑我、轻我、贱我、骗我，如何处之？”拾得答道：“只要忍他、让他、避他、由他、耐他、敬他、不理他，再过几年，你且看他。”

如果说生命中的痛苦是无法自控的，那么我们唯有拓宽自己的心量，才能获得人生的愉悦。通过内心的调整去适应、去承受必须经历的苦难，从苦涩中体味心量是否足够宽广，从忍耐中感悟暗夜中的成长。

心量是一个可开合的容器，当我们只顾自己的私欲，它就会愈缩愈小；当我们能站在别人的立场上考虑，它又会渐渐舒展开来。若事事斤斤计较，便把自心局限在一个很小的框框里。这种处世心态，既轻薄了自身的能力，又轻薄了自己的品格。

心量是大还是小，在于自己愿不愿意敞开。一念之差，心的格局便不一样，它可以大如宇宙，也可以小如微尘。我们的心，要和海一样，任何大江小溪都要容纳；要和云一样，任何天涯海角都愿

遨游；要和山一样，任何飞禽走兽，都不排拒；要和路一样，任何脚印车轨都能承担。这样，我们才不会因一些小事而心绪不宁、烦躁苦闷！

遇谤不辩，沉默即宽容

诗曰：“不智之智，名曰真智。蠢然其容，灵辉内炽。用察为明，古人所忌。学道之士，晦以混世。不巧之巧，名曰极巧。一事无能，万法俱了。露才扬己，古人所少。学道之士，朴以自保。”在人生的旅途中，我们会有各种各样的遭遇，许多时候，沉默是最好的矛与盾，进可攻，退可守。

有位修行很深的禅师叫白隐，无论别人怎样评价他，他都会淡淡地说一句：“就是这样吗？”

在白隐禅师所住的寺庙旁，有一对夫妇开了一家食品店，家里有一个漂亮的女儿。夫妇俩发现尚未出嫁的女儿竟然怀孕了。这种见不得人的事，使得她的父母震怒万分！在父母的一再逼问下，她终于吞吞吐吐地说出“白隐”两字。

她的父母怒不可遏地去找白隐理论，但这位大师不置可否，只若无其事地答道：“就是这样吗？”孩子生下来后，就被送给了白隐，此时，他的名誉虽已扫地，但他并不在意，而是非常细心地照顾着孩子——他向邻居乞求婴儿所需的奶水和其他用品，虽不免横遭白眼，或是冷嘲热讽，他总是处之泰然，仿佛他是受托抚养别人的孩子一样。

事隔一年后，这位没有结婚的妈妈，终于不忍心再欺瞒下去了，她老老实实地向父母吐露了真情：孩子的生父是住在附近的一位青年。

她的父母立即将她带到白隐那里，向他道了歉，请求他原谅，并将孩子带了回来。

白隐仍然是淡然如水，他只是在交回孩子的时候，轻声说道："就是这样吗？"仿佛不曾发生过什么事；即使有，也只像微风吹过耳畔，霎时即逝。

白隐为给邻居女儿生存的机会和空间，代人受过，牺牲了为自己洗刷清白的机会。在受到人们的冷嘲热讽时，他始终处之泰然，只有平平淡淡的一句话——"就是这样吗？"雍容大度的白隐禅师令人赞赏景仰。

在面对羞辱、误解、背叛的时候，沉默本身就是一种宽容。只是对于一个世俗人来说，这种宽容会让自己很不好受，是一种疼痛的过程。但对于悟道的人来说，这种宽容是一种快乐，因为它能够感化犯错的人，让他们从内心里反省自己的错误，是一种无声之教。面对这样的沉默，所有语言的力量都是微不足道的。

环视芸芸众生，能做到遭误解、毁谤，不仅不辩解、报复，反而默默承受，甘心为此奉献付出、受苦受难，这样的人有几个呢？

遇谤不辩，是一种多么难得的人生智慧。当诽谤发生后，一味地争辩往往会适得其反，不是越辩越黑便是欲盖弥彰。这时候，往往沉默是金，让清者自清而浊者自浊，这才是明智的选择。诽谤最终会在事实面前不攻自破。在现实生活中，拥有"不辩"的胸襟，就不会与他人针尖对麦芒，睚眦必报；拥有"不辩"的智慧，宽恕永远多于怨恨。

心宽寿自延，量大智自裕

我们不能改变生命的长度，却可以改变生命的宽度。这句话常常被用来激励失意之人。不要慨叹生命的短暂，而是要在有限的生命中注入无限的激情，如此，心情会随之改变，生活会随之改变，命运也会随之改变。

当我们要在一个蓄水池中注满清澈的河水时，蓄水池已经固定，增加输水管道的长度也只是拉长了水流的距离，我们需要去做的是将管道拓宽，这样才能更快地将水池注满。

事实上，当我们真正改变了心灵的宽度时，生命的长度也会悄然增加。圣严法师说："有德即是福，无嗔即无祸，心宽寿自延，量大智自裕。"这真是一种人生的大智慧。禅的智慧是无穷无尽的，宽度和量度都是禅的智慧。心宽，放下一切自我执着而引发的烦恼；量大，用包容的心去容下他人的一切，才能获得真正的洒脱，做到真正的慈悲，获得真正的智慧。

有一个久战沙场的将军，因为厌倦了战争和尘世里的奔波忙碌，便找到大慧宗杲禅师，要求剃度出家，并请求禅师为他开示。

他说："禅师，我已经看破红尘，红尘俗世中的种种，都不过是过眼云烟。禅师您慈悲，请您收留我，让我随您修行吧！"

宗杲禅师说："你贵为将军，声名显赫，能将功名利禄全部放下吗？"

将军说："功名利禄如粪土！"

宗杲禅师："可是你尚有家眷，还有太多尘世俗缘割舍不下，你不能出家！"

将军："禅师，我现在什么都放得下！妻子、儿女、家庭，全部都可以放下。请您为我剃度吧！"

宗杲摇摇头，仍然不肯为他剃度。

将军无奈地离开了。几天之后的一个清晨，他再次来到寺中参禅礼佛。宗杲禅师问："将军，你为什么这么早就来庙中拜佛呢？"

将军回答："为除心头火，起早礼师尊。"

禅师听到他用禅语回答自己的问题，心中对他出家的诚意大为赞赏，但还是开玩笑似的对他说："起得这么早，不怕妻偷人？"

将军一听，勃然大怒："你这老怪物，讲话太伤人！"

大慧宗杲禅师哈哈一笑，对将军说："轻轻一拨扇，性火又燃烧，如此暴躁气，怎算放得下！"

这位自以为已经放下了一切的将军不仅未能将心头的执着放下，更没有真正领悟到禅宗的智慧，被人稍稍一激，立刻变得暴躁，已然犯了嗔戒，"说时似悟，对境生迷"，他既没有正确地认识自己，也不能以一颗宽容的心去对待别人，又怎么能算是真正看破红尘了呢？

真正的宽容，是包容清净的，也包容污秽的，包容爱的人，也包容恨的人，包容善良，也包容邪恶。真正的量大，要像广袤的苍穹，容纳群星也容纳尘埃；要像浩瀚的大海，容纳百川也容纳细流；更要像无垠的虚空，无所不含，无所不摄。

苏东坡被贬谪到江北瓜洲时，和金山寺的和尚佛印相交甚多，常常在一起参禅礼佛，谈经论道，成为了非常好的朋友。

一天，苏东坡作了一首五言诗：稽首天中天，毫光照大千；八风吹不动，端坐紫金莲。作完之后，他再三吟诵，觉得其中含义深刻，颇得禅家智慧之大成。苏东坡觉得佛印看到这首诗一定会大为

赞赏，于是很想立刻把这首诗交给佛印，但苦于公务缠身，只好派了一个小书童将诗稿送过江去请佛印品鉴。

书童说明来意之后将诗稿交给了佛印禅师，佛印看过之后，微微一笑，提笔在原稿的背面写了几个字，然后让书童带回。

苏东坡满心欢喜地打开了信封，却先惊后怒。原来佛印只在宣纸背面写了两个字："狗屁！"苏东坡既生气又不解，坐立不安，索性就搁下手中的事情，吩咐书童备船再次过江。

哪知苏东坡的船刚刚靠岸，却见佛印禅师已经在岸边等候多时。苏东坡怒不可遏地对佛印说："和尚，你我相交甚好，为何要这般侮辱我呢？"

佛印笑吟吟地说："此话怎讲？我怎么会侮辱居士呢？"

苏东坡将诗稿拿出来，指着背面的"狗屁"二字给佛印看，质问原因。

佛印接过来，指着苏东坡的诗问道："居士不是自称'八风吹不动'吗？那怎么一个'屁'就过江来了呢？"

苏东坡顿时明白了佛印的意思，满脸羞愧，不知如何作答。

苏东坡是古代名士，既有很深的文学造诣，同时也兼容了儒释道三家关于生命哲理的阐释，而有时候，他也并不能领悟真正的智慧。平时我们谈生论死，侃侃而谈似乎置生死于度外；平时我们谈名利如浮尘，恨不得视之为粪土。但是当死亡的恐惧、浮名的诱惑摆在眼前时，我们是否还能够保持一颗平静淡然的心，从容对待呢？

当我们将手中的鲜花送与别人时，自己已经闻到了鲜花的芳香；而当我们要把泥巴甩向其他人的时候，自己的手已经被污泥染脏。不嗔怒不暴躁，不患得患失，不受尘俗牵挂，超然洒脱，才能达到高深的修持境界，获得真正的智慧。

多一些磅礴大气，少一些小肚鸡肠

大度，是一种修养，是一个人健全人格和健康心理的体现。大度也是一种气质，是一个人幸福生活的前提。大度来自人的理念、理想追求及道德修养。要做到大度不小气，首先要眼界宽阔，而不能目光短浅。因为，眼界宽阔的人在看问题方面会比较大气，而没有什么见识的人只能囿于自己的小圈子里面，为了鸡毛蒜皮的事情跟人吵得面红耳赤。因此，我们要始终怀着一颗美好的心去观察和认识世界，要用长远的眼光去看问题，只有这样，才能具有宏大而深邃的视野，才能有宽阔的胸襟。

从前有两个人，一个叫提耆罗，一个叫那赖。这两个人神通广大，本领高超，无论是婆罗门、佛家弟子，还是仙人、圣人、龙王及一切鬼神，无不钦佩，都来向他们顶礼膜拜。

一天夜里，提耆罗因长时间诵经感到十分疲乏，先睡了。那赖当时还没有睡，一不小心踩了提耆罗的头，使他疼痛难忍。提耆罗一时心中大怒地说："谁踩了我的头？明天清早太阳升起一竿子高的时候，他的头就会破为七块！"那赖一听，也十分恼怒地叫道："是我误踩了你，你干什么发那么重的咒？器物放在一起，还有相碰的时候，何况人和人相处，哪能永远没有个闪失呢？你说明天日出时，我的头就要裂成七块，那好，我就偏不让太阳出来，你看着好了！"

由于那赖施了法术，第二天，太阳果然没有升起来。一连几天过去了，太阳仍没有出现。两个人由于心胸狭窄，不能宽宥对方，从而让整个世界都处在了一片漆黑中。

这个小故事告诉了我们一个深刻的道理：做人要大气、大度，

不能够小肚鸡肠，否则对自己也不利。

宽以待人，历来被我国历史上的仁人贤士所推崇。“唯宽可以容人，唯厚可以载物。”有些人却是完全“严以待人，宽以律己”。如果别人稍微做错了一点事情，就借题发挥，破口大骂，完全不顾他人感受，似乎别人就会一错再错，要把别人的尊严踩在脚下。如果自己做错了事情，则可以把黑的说成白的，或者干脆推卸责任。这种人恐怕没有几个人敢去沾惹。在人际关系中，这种小鼻小眼的行为正犯了大忌，一次两次的短期接触还好，长此以往则会招人怨。

曾有王姓的两兄弟，合伙在东莞开办制衣厂。兄弟俩苦苦经营了十年，眼看这家厂有了起色，财源滚滚而来，然而，弟媳却开始怀疑大伯多占了便宜，兄嫂也开始怀疑小叔子暗中多吞了钱财，不久，两兄弟便闹起了“家窝子”，又是争权，又是争钱。一个好端端的工厂，因为两兄弟最后都把心思用到了闹分家上，再也没人来管理。而市场经济是无情的，所以没过多久便关门倒闭了。这个故事应该能够给人以警示，小肚鸡肠只会让你失去更多！

避免小气，就要做到心理平衡。这既是保持身心健康的良方，又是事业成功的重要条件。善于调节心理平衡的人，必然心胸宽广，不会计较于一时得失，什么伤心事、苦恼事统统都可置之度外。这样就能大度待人，公道处事，使生命的质量得到提高。反之，鸡肠小肚、心胸狭窄，动不动就落个心理不平衡，在这样的心态下生活，生活的质量必然会大打折扣。如果我们经常想一想“生命在于平衡”的道理，就有助于我们正确对待工作、生活中的诸多不如意之事。

清代学者张湖曾说：“律己宜带秋风，处事宜带春风。”让我们多一些长远的目光，少一些狭隘的思维；多一些磅礴大气，少一些鸡肠小肚；多一些理解，多一些宽容，多一些主见，不轻易受别人的影响。这才是符合禅的哲理和智慧，这才是有为之人所必备的气质和胸怀。

苛求他人，等于孤立自己

每个人都有可取的一面，也有不足的地方。与人相处，如果总是苛求十全十美，那么永远也交不到真心的朋友。在这一点上，曾国藩早就有了自己的见解，他曾经说过："概天下无无暇之才，无隙之交。大过改之，微暇涵之，则可。"意思是说，天下没有一点缺点也没有的人，没有一点缝隙也没有的朋友。有了大的错误，要能够改正，剩下小的缺陷，人们给予包容，就可以了。为此，曾国藩总是能够宽容别人，谅解别人。

当年，曾国藩在长沙读书，有一位同学性情暴躁，对人很不友善。因为曾国藩的书桌是靠近窗户的，他就说："教室里的光线都是从窗户射进来的，你的桌子放在了窗前，把光线挡住了，这让我们怎么读书？"他命令曾国藩把桌子搬开。曾国藩也不与他争辩，搬着书桌就去了角落里。曾国藩喜欢夜读，每每到了深夜，还在用功。那位同学又看不惯了："这么晚了还不睡觉，打扰别人的休息，别人第二天怎么上课啊？"曾国藩听了，不敢大声朗诵了，只在心里默读。一段时间之后，曾国藩中了举人，那人听了，就说："他把桌子搬到了角落，也把原本属于我的风水带去了角落，他是沾了我的光才考中举人的。"别人听他这么一说，都为曾国藩鸣不平，觉得那个同学欺人太甚。可是曾国藩毫不在意，还安慰别人说："他就是那样子的人，就让他说吧，我们不要与他计较。"

凡是成大事者，都有广阔的胸襟。他们在与别人相处的时候，不会计较别人的短处，而是以一颗平常心看待别人的长处，从中看到别人的优点，弥补自己的不足。如果眼睛只能看到别人的短处，那么这个人的眼里就只有不好和缺陷，而看不到别人美好的一面。在生活中，每个人都可能跟别人发生矛盾。如果一味地跟别人计较，就可能浪费自己很多精力。与其把自己的时间浪费在一些鸡毛蒜皮的小事上，不如就放开胸怀，给别人一次机会，也可以让自己有更多的精力去做更多有意义的事情。

一位在山中茅屋修行的禅师，有一天趁夜色到林中散步，在皎洁的月光下，突然开悟。他喜悦地走回住处，眼见到自己的茅屋遭小偷光顾。找不到任何财物的小偷要离开的时候在门口遇见了禅师。原来，禅师怕惊动小偷，一直站在门口等待。他知道小偷一定找不到任何值钱的东西，就把自己的外衣脱掉拿在手上。

小偷遇见禅师，正感到惊愕的时候，禅师说："你走那么远的山路来探望我，总不能让你空手而回呀！夜凉了，你带着这件衣服走吧！"说着，就把衣服披在小偷身上，小偷不知所措，低着头溜走了。

禅师看着小偷的背影穿过明亮的月光消失在山林之中，不禁感慨地说："可怜的人呀！但愿我能送一轮明月给他。"

禅师目送小偷走了以后，回到茅屋赤身打坐，他看着窗外的明月，进入空境。

第二天，他睁开眼睛，看到他披在小偷身上的外衣被整齐地叠好，放在了门口。禅师非常高兴，喃喃地说："我终于送了他一轮明月！"

面对小偷，禅师既没有责骂，也没有告官，而是以宽容的心原谅了他，禅师的宽容和原谅终于换得了小偷的醒悟。可见，宽容比强硬的反抗更具有感召力。可是，我们与别人发生矛盾时，总想着与别人争出高低来，但是往往因为说话的态度不好，使得两个人吵起来，甚至大打出手。其实，牙齿没有不碰到舌头的。很多事情忍耐一下，也就过去了。有些矛盾的产生，别人也不一定就是故意的，我们给予他包容，他可能会主动认识到错误，也给自己减少了很多麻烦。

己所不欲，勿施于人

在社会生活中，每个人都难免会遇到磕磕碰碰的事情，关键是要有一种“能容天下难容之事”的宽容心态，少一些心胸狭窄、尖酸刻薄，多一些大度宽容、海阔天空的气质。这样，无论遇到什么事情，都会平心静气地对待。

两千多年前，孔子的学生子贡问孔子：“有没有一句话可以作为终生奉行不渝的法则呢？”孔子回答说：“其恕乎！己所不欲，勿施于人。”也就是说，自己不喜欢的和不能接受的事情，就不要强加给别人。凡事要从对方的角度出发考虑问题，要学会多体谅一下别人，这是做人和处世的根本原则。从中也可以看出一个人的修养。

要想钓到鱼，就先问问鱼想要吃什么。生活中，许多人都有过钓鱼的经历和经验。鱼饵很重要，但它的选择不是根据钓鱼者的口味爱好，而是鱼的爱好。世间万物都是相通的。我们在与人交往中，特别喜欢结交那些了解自己、同自己喜好相似的人。同样，我们也应该站在对方的立场上，考虑他们喜欢什么，不喜欢什么。

因此，以己度人，推己及人，这样处理问题和与人交往，才能

获得别人的尊重，与别人和睦相处，甚至能够化敌为友。

在社会上，特别是对于初涉世事的青年来说，由于对社会的茫然，总是时时处处小心翼翼，左顾右盼地想找出参照物规范自己、约束自己。这种反应当然是正常的，但是有时候以此为原则，反而会导致初衷与结果南辕北辙。

这时，你就可以采用“己所不欲，勿施于人”的原则，在日常工作和生活中，多问一下自己：我做这件事产生的后果自己觉得如何？如果自己能够接受，那么别人也大概能够容忍；如果自己都不能容忍，那么别人肯定也不愿接受。

美国的欧文梅说：“一个人若能从别人的角度来看事情，了解别人的心灵活动，就永远也不必为自己的前途担心。”我们要学会体谅别人，站在别人的立场来看问题，这样就可以减少生活中的摩擦，人与人之间的关系就会变得更加和谐。

宽容，让痛苦变为伟大

哲人说，宽容和忍让的痛苦，能换来甜蜜的结果。

这句话说得诚恳而有深度。宽容是痛苦的，它意味着放弃心中的愤懑不平，将往日的种种侮辱和痛苦生生咽进肚里。这位哲人能体会到宽容者内心的矛盾和波动，是从人的内心出发，十分诚恳。同时，他又指出了宽容的必然性，因为宽容最终会换来甜蜜，而不宽容则只能给人带来更多的痛苦。即使是从追逐快乐甜蜜、远离痛苦这一“趋利避害”的简单本性出发，我们也应该在伤害面前选择宽容。确实，宽容是我们面对伤害应有的心态。

在现实生活中，难免会发生这样的事：亲密无间的朋友，无意或有意做了伤害你的事，你是宽容他，还是从此分手，或伺机报复？

以牙还牙，分手或报复似乎更符合人的直觉本能。但这样做了，怨会越结越深，仇会越积越多，结果冤冤相报何时了。

芝加哥人蒙泰在林肯竞选总统期间频频发出尖刻批评。林肯当选之后，为芝加哥人蒙泰在大饭店举行了一个欢迎会。林肯看见蒙泰站在角落里，虽然蒙泰曾大声辱骂过林肯，林肯仍然很有风度地说："你不该站在那儿，你应该过来和我站在一块儿。"

参加欢迎会的每个人都亲眼目睹了林肯赋予蒙泰的荣耀，也正因为此，蒙泰成了林肯最忠诚、最热心的支持者。

所以，宽容才是消除矛盾的有效方法，冤冤相报抚平不了心中的伤痕，它只会将伤害者和被伤害者捆绑在无休止的争吵战车上。印度"圣雄"甘地说得好，如果我们对任何事情都采取"以牙还牙"的方式来解决，那么整个世界将会失去色彩。

宽容是一种高贵的品质、崇高的境界，是精神的成熟、心灵的丰盈。有了这种境界和心态，人就会变得豁达，变得成熟。宽容是一种仁爱的光，是对别人的释怀，也是对自己的善待。有了宽容之心，就会远离仇恨，避免灾难。宽容是一种生存的智慧、生活的艺术，是看透了社会人生以后所获得的那份从容、自信和超然。有了这种智慧、这种艺术，我们面对人生，就会从容不迫。宽容是一种力量、一种自信，是一种无形的感召力和凝聚力。有了这种力量和自信，人就会胸有成竹，获得成功。

也许你曾经遭受过别人对你的恶意诽谤或者是深深的伤害，这些伤痛在你的心底一直未曾被抚平，你可能至今还在怨恨他，不能原谅他。其实，怨恨是一种具有侵袭性的东西，它像一个不断长大的肿瘤，使我们失去欢笑，损害我们的健康。

心理学专家研究证实，心存怨恨有害健康，高血压、心脏病、胃溃疡等疾病就是长期积怨和过度紧张造成的。

所以，让我们学会宽容，忘记怨恨，这样才能抚慰你暴躁的心绪，弥补不幸对你的伤害，让你获得心灵的自由。

千金易得，宽厚之心难求

“但求世上人无病，何妨架上药生尘。”在以前的药铺里常常可以看到这样一副对联。它包含的悲天悯人、宽厚无私的情怀是很让人感动的。自己虽然是良医，却祈求别人不生病，其中蕴涵着至高境界的道德品质。

同样的宽厚无私在孔子身上也可以看到，孔子在《论语·颜渊》中也曾说过：“听讼，吾犹人也。必也使无讼乎！”意思是说：审理诉讼案件，我同别人一样能做好。但内心总是希望这些事情不再发生啊！孔子希望通过教化来提升人们的修养，减少案件的发生。这是以天下人为念的崇高博大的情怀。

世间天地万物数不胜数，其中最能够打动人的莫过于一颗宽厚无私、善良之心。

山东潍县以前是个多灾多难的地方，经常发生水灾、旱灾。扬州八怪之一的郑燮（即郑板桥）在当地任县令七年期间，就有五年发生灾情。他刚到任那一年，潍县发生水灾，十室九空，饿殍满地，其景象惨不忍睹。郑板桥据实上报，请求朝廷开仓赈灾，可朝廷迟迟不准。在危急时刻，郑板桥毅然开仓放粮，他说：“不能等了，救命要紧。朝廷若有怪罪，就惩办我一个人好了。”这样灾民很快得救了。

郑板桥秉承儒家心系天下苍生的精神，心念百姓疾苦。他深知“民为邦本，本固邦宁”的古训，做任何事，他首先想到的是百姓。他招民工修整水淹后的道路城池，采取以工代赈的办法救济灾区壮男；同时责令大户在城乡施粥救济老弱饥民，不准商人囤积居奇；他自己带头捐出官俸，并刻下“恨不得填满了普天饥债”的图章。他开仓借粮时有秋后还粮的借条，到秋粮收获时，灾民歉收，他当众将借条烧掉，劝人们放心，努力生产，来年交足田赋。由于他的这些举措，无数灾民解决了倒悬之危。

为了老百姓，他得罪了一些富户，特别在整顿盐务时，更是触动了富商大贾的私利。潍县濒临莱州湾，盛产海盐，长期以来，官商勾结，欺行霸市，哄抬盐价，贱进贵卖，缺斤少两，以次充好。郑板桥针对这些弊端严令禁止，因此，一些富人对他造谣毁谤，匿名上告。1752年，潍县又发大灾，郑板桥申报朝廷赈灾，上司怒其多次冒犯，又加上听信谗言，不但不准，反给他记大过处分，钦命罢官，削职为民。

离开潍县时，百姓倾城相送。郑板桥为官十余年，并无私藏，只是雇三头毛驴，一头自骑，两头分驮图书行李，由一个差丁引路，凄凉地向老家走去。临别他为当地人民画竹题诗：“乌纱掷去不为官，囊囊萧萧两袖寒。写取一枝清瘦枝，秋风江上作鱼竿。”

郑板桥为官，不以自己的才情作为晋升的手段，也不以此卖弄，而是用在为民谋福上，这种宽厚无私的精神才是人格的最高境界。

一灯大师曾说：“世人无数，可分三品：时常损人利己者，心灵落满灰尘，眼中多有丑恶，此乃人中下品；偶尔损人利己，心灵稍有微尘，恰似白璧微瑕，不掩其辉，此乃人中中品；终生不损人利己者，心如明镜，纯净洁白，为世人所敬，此乃人中上品。人心本是水晶之体，容不得半点尘埃。”人世间最宝贵的不是金银财宝，而是一颗宽厚无私、品行高尚的心灵，那是纵有千金也不能买到的稀世珍品。

第二章

笑对苦难，包容人生的泥泞坎坷

苦难是上帝赐予的财富

人的一生中会遇到各种各样的苦难。正如一位智者所言："没有苦难的人生不是真正的人生。"一个人只有经过困境的砥砺，才能焕发生命的光彩。沿着岁月的河道，我们回溯到几千年前的印度，无数先哲们在几千年的雾山上，用瑜伽的朴素方式苦苦修习一种心性和智慧的通透，来印证着生命的不凡，让人心中读懂了苦难的许多真义。其实，当我们仔细地去品味诸如蚌病生珠、万涓成河、蛹化成蝶的生命故事，心灵会在刹那间被一种战胜苦难的神奇力量击中。

巍峨的大树，其挺拔的身姿是在与狂风暴雨搏斗后磨砺出来的；精良的斧头，其锋利的斧刃是在铁匠手中千锤百炼打造出来的。一个不容忽视的现实：顺境中的人往往"苗而不秀，秀而不宝"。那是因为"温室"里的幼苗禁不起风吹雨打。

俗话说，火石不经摩擦就不会迸发出火花。同样，人若不遭遇苦难，生命之火就不会有火焰的灿烂。因为苦难并不可怕，它可以培养人的意志，给人信心、毅力和勇气。正如《真心英雄》里唱道，"不经历风雨，怎么见彩虹"。是啊，不曾跌倒的人怎么会知道跌倒的滋味呢，更不知道跌倒了该如何爬起来。对于一个人来说，苦难确实是残酷的，但如果你能充分利用苦难这个机会来磨炼自己，苦难会馈赠给你很多。要知道，勇气和毅力正是在这一次次的跌倒、爬起的过程中增长的。

帕格尼尼，世界超级小提琴家。他是一位在苦难的琴弦下把生

命之歌演奏到极致的人。4岁时一场麻疹和强直性昏厥症。7岁患上严重肺炎，只得大量放血治疗。46岁因牙床长满脓疮，拔掉了大部分牙齿。其后又染上了可怕的眼疾。50岁后，关节炎、喉结核、肠道炎等疾病折磨着他的身体与心灵。后来声带也坏了。他仅活到57岁，就口吐鲜血而亡。

身体的创伤不仅仅是他苦难的全部。他从13岁起，就在世界各地过着流浪的生活。他曾一度将自己禁闭，每天疯狂地练琴，几乎忘记了饥饿和死亡。

像这样的一个人，这样一个悲惨的生命，却在琴弦上奏出了最美妙的音符。3岁学琴，12岁首场个人音乐会。他令无数人陶醉，令无数人疯狂！

乐评家称他是“操琴弓的魔术师”。歌德评价他：“在琴弦上展现了火一样的灵魂。”李斯特大喊：“天哪，在这四根琴弦中包含着多少苦难、痛苦与受到残害的生灵啊！”苦难净化心灵，悲剧使人崇高。也许上帝成就天才的方式，就是让他在苦难这所大学中进修。

苦难，在这些不屈的人面前，会化为一种礼物，一种人格上的成熟与伟岸，一种意志上的顽强和坚韧，一种对人生和生活的深刻认识。

苦难本是生命旅途中一道不可不观的风景。苦难是竖在现实和未来之间的一扇纸糊的门，你只要敢于捅破，前方便一路坦途。苦难是蹲在成功门前的看门犬，怯弱的人逃得越急，它便追你越紧；苦难是火焰熊熊的炼狱，灵魂在苦难中涅，就会显露出金子般的成色……四季轮回，既然有春天的葱茏，也就有秋天的落叶，既然有夏天的热烈，也就有冬天的风雪。我们没有理由不接受苦难，没有理由不善待苦难。世上没有不弯的路，人间没有不谢的花。苦难宛如天边的雨，说来就来，你无法逃避，无法退却，苦难又似横亘的山，赶也赶不跑，你只有跨越，只有征服。生命中所有的艰难险阻都是通向人生驿站的铺路石。

你还在郁闷金融危机下的工作不好找吗？你还在埋怨城区的房租太昂贵吗？你还在厌烦现在的生活压力大吗？你还在苦恼目前的日子过得艰苦吗？学会接受这些宝贵的“苦难”，并努力去改变吧，只有当你克服了这些困难，你才真正学会成长。

以游戏之心看待挫折

我们从小就学会了做游戏，游戏本身，就是在不断战胜挫折与失败中获取一种刺激与欢乐。假如没有挫折与失败，再好的游戏也会索然无味。人生就如一场游戏，我们作为其中的玩家，真的能像对待现实的游戏一样对待它吗？人们玩游戏，是寻找娱乐，是带着挑战的心情去面对游戏中的困难与挫折的，面对强大的对手，不断地损伤受挫，但越是如此，越会兴头十足。试想，倘若人们在生活中，也有这么一种积极向上的游戏心态，那么失败后，就不会显得那般沉重和压抑。既然如此，我们为何不将挫折变成一种游戏呢？那样便会让痛苦沮丧的心情超然快活起来。二者其实并无差别，只是人们在游戏中身心放松，而在生活中过于紧张。

每个人的路都不一样，但命运对每个人都是公平的，有得必有失，就看你能不能往好处想。

一个病入膏肓的妇人，整天想象死亡的恐怖，心情坏到了极点。哲学家蓝姆·达斯去安慰她，说：“你是不是可以不要花那么多时

间去想死，而把这些时间用来考虑如何快乐地度过剩下的时间呢？”

他刚对妇人说时，妇人显得十分恼火，但当她看出蓝姆·达斯眼中的真诚时，便开始慢慢地领悟他话中的诚意。“说得对，我一直都在想着怎么死，完全忘了该怎么活了。”她略显高兴地说。

一个星期之后，那妇人还是去世了，她在死前对蓝姆·达斯说：“这一个星期，我活得比前一阵子幸福多了。”

“苦乐无二境，迷悟非两心”，妇人学会了心往好处想，所以在离开人世前仍能感到一丝幸福；如果她仍像以前一样，一味想死，那她只能痛苦地离开人世。

心往好处想，不论何时，不论何事。人可以没有名利，没有金钱，但必须拥有美好的心情。

一个春光明媚的日子，在阳光普照的公园里，许多小孩正快乐地游戏，其中一个小女孩不知绊到了什么东西，突然摔倒了，并开始哭泣。这时，旁边有一个小男孩立即跑过来，别人都以为这个小男孩会伸手把摔倒的小女孩拉起来或安慰鼓励她站起来。但出乎意料的是，这个小男孩竟在哭泣的小女孩身边故意摔了一跤，同时一边看着小女孩一边笑个不停。泪流满面的小女孩看到这情景，也觉得好笑，于是破涕为笑了。

将生活中的挫折和困难视为游戏，不是为了游戏人生，而是为了以积极的心态面对现实，从而克服困难。笑看忧愁，笑看人生，如此而已！

折磨你的人是你的新鲜空气

感激伤害你的人，因为他磨炼了你的心志；感激欺骗你的人，因为他增进了你的见识；感激鞭挞你的人，因为他清除了你的业障；感激压抑你的人，因为他拓展了你的心胸；感激身边的小人，因为他让你学会了生存；感激曾经的男人，因为他让你学会了保护；感激嫉妒的女人，因为她让你学会了包容；感激爱你的人，因为他让你懂得了什么是爱。感恩的心，感谢有你，感谢所有的好人、坏人，男人、女人、老人、小孩。

有一本书曾经这样写道：人生活在这个世界上，总会经历这样那样的烦心事，这些事总是会折磨人的心，使人不得安稳。尤其对于刚毕业的大学生来说，刚在社会中立足，还未完全成长起来，却要承受这个社会的种种压力，比如待业、失恋、职场压力等的折磨。而且大学生本身又是一个敏感脆弱的群体，往往在这些折磨面前束手无策。

其实，世间的事就是这样，如果你改变不了世界，那就改变你自己吧。换一种眼光去看世界，你会发现所谓的“折磨”其实都是促进你生命成长的“清新氧气”。

人们往往把外界的折磨看做人生中纯粹消极的、应该完全否定的东西。当然，外界的折磨不同于主动的冒险，冒险有一种挑战的快感，而我们忍受折磨总是迫不得已的。但是，人生中的折磨总是完全消极的吗？清代金兰生在《格言联璧》中写道：“经一番挫折，长一番见识；容一番横逆，增一番气度。”由此可见，那些挫折和横逆的折磨对人生不但不是消极的，还是一种促进你成长的积极因素。

生命是一次次的蜕变过程。唯有经历各种各样的折磨，才能拓展生命的厚度。只有一次又一次与各种折磨握手，历经反反复复几个回合的较量之后，人生的阅历才会在这个过程中日积月累、不断丰富。

在人生的岔道口，若你选择了一条平坦的大道，你可能会有一个舒适而享乐的青春，但你会失去一个很好的历练机会；若你选择了坎坷的小路，你的青春也许会充满痛苦，但人生的真谛也许就此被你打开了。

蝴蝶的幼虫是在一个洞口极其狭小的茧中度过的。当它的生命要发生质的飞跃时，这天定的狭小通道对它来讲无疑成了鬼门关，那娇嫩的身躯必须竭尽全力才可以破茧而出。许多幼虫在往外冲杀的时候力竭身亡，不幸成了飞翔的悲壮祭品。

有人怀了悲悯恻隐之心，企图将那幼虫的生命通道修得宽阔一些，他们用剪刀把茧的洞口剪大，这样一来，所有受到帮助而见到天日的蝴蝶都不再是真正的剧情精灵——它们无论如何也飞不起来，只能拖着丧失了飞翔功能的双翅在地上笨拙地爬行！原来，那"鬼门关"般的狭小茧洞恰是帮助蝴蝶幼虫两翼成长的关键所在，穿越的时候，通过用力挤压，血液才能被顺利输送到蝶翼的组织中去，唯有两翼充血，蝴蝶才能振翅飞翔。人为地将茧洞剪大，蝴蝶的翼翅就没有了充血的机会，爬出来的蝴蝶便永远与飞翔绝缘。一个人成长的过程恰似蝴蝶的破茧过程，在痛苦的挣扎中，意志得到磨炼，力量得到加强，心智得到提高，生命在痛苦中得到升华。当你从痛苦中走出来时，就会发现，你已经拥有了飞翔的力量。如果没有挫折，也许就会像那些受到"帮助"的蝴蝶一样，萎缩了双翼，平庸过一生。

只有经历过风雨，才能增长经验，你才能离成功更近一步。

学会接受不可更改的事实

荷兰阿姆斯特丹有一座15世纪的教堂遗迹，里面有这样一句让人过目不忘的题词："事必如此，别无选择。"命运中总是充满了不可捉摸的变数，如果它给我们带来了快乐，当然是很好的，我们也很容易接受。但事情却往往并非如此，有时，它带给我们的会是可怕的灾难，这时如果我们不能学会接受它，反而让灾难主宰了我们的心灵，那生活就会永远地失去阳光。

琼妮小姐是新西兰一位建筑商的女儿，移居美国后，曾在休斯敦一家电视台工作，1990年起任CNN摄影记者。1992年6月，她被派往萨拉热窝进行战地采访。在那里，曾有多名记者丧生。

琼妮在萨拉热窝逗留6个星期后，已经习惯周围的流弹，一天清早，一颗子弹击穿车玻璃，正好击中她的脸部，几乎掀掉了她的半边脸，她的颧骨被打得粉碎，牙齿没有了，舌头被打断。送到诊所时，大夫们直摇头，认为她不行了。经过20多次手术后，她又奇迹般地回到了工作岗位。这时的她，下颌仍无感觉，脸部还留着弹片，体重减轻了8公斤。令大家吃惊的是，她要求重返萨拉热窝。她幽默地说："说不定我还能在那里找回我的牙齿。"她甚至想认识一下当初袭击她的枪手。有人问她，见到那个枪手后怎么办。她说："我会请他喝一杯，问他几个问题，比方说当时距离有多远。"

琼妮面对厄运的乐观态度证明她是一个具有坚韧毅力的女孩，正是这种乐观的性格，使她能够迅速摆脱挫折的阴影，积极地投入到新的工作中去。

威廉·詹姆斯说："完全接受已经发生的事，这是克服不幸的

第一步。”哲人说：“太阳底下所有的痛苦，有的可以解救，有的则不能，若有就去寻找；若无，就忘掉它。”

快乐是什么？快乐是血、泪、汗浸泡的人生土壤里怒放的生命之花，正如惠特曼所说：“只有受过寒冷的人才感觉得到阳光的温暖，也只有在人生战场上受过挫败、痛苦的人才知道生命的珍贵，才可以感受到生活之中的真正快乐。”

托尔斯泰在他的散文名篇《我的忏悔》中讲了这样一个故事：一个男人被一只老虎追赶而掉下悬崖，庆幸的是在跌落过程中他抓住了一棵生长在悬崖边的小灌木。此时，他发现，头顶上那只老虎正虎视眈眈，低头一看，悬崖底下还有一只老虎，更糟的是，两只老鼠正忙着啃咬悬着他生命的小灌木的根须。绝望中，他突然发现附近生长着一簇野草莓，伸手可及。于是，这人摘下草莓，塞进嘴里，自语道：“多甜啊！”生命进程中，当痛苦、绝望、不幸和危难向你逼近的时候，你是否还能享受一下野草莓的滋味？“尘世永远是苦海，天堂才有永恒的快乐”是禁欲主义编撰的用以蛊惑人心的谎言，苦中求乐才是快乐的真谛。

当你对生活感到绝望的时候，请再等待 3 天，希望便会出现。

应邀访美的女作家在纽约街头遇见一位卖花的老太太。这位老太太穿着相当破旧，身体看上去很虚弱，但脸上却满是喜悦。女作家挑了一朵花说：“你看起来很高兴。”

“为什么不呢？一切都这么美好。”

“你很能承担烦恼。”女作家又说。然而，老太太的回答令女作家大吃一惊：“耶稣在星期五被钉在十字架上的时候，那是全世界最糟糕的一天，可 3 天后就是复活节。所以，当我遇到不幸时，就会等待 3 天，一切就恢复正常了。”

英格兰的妇女运动名人格丽·富勒曾将一句话奉为真理："我接受整个宇宙。"是的，你我也应该能接受不可避免的事实。即使我们不接受命运的安排，也不能改变事实分毫，我们唯一能改变的只有自己。成功学大师卡耐基也说："有一次我拒不接受我遇到的一种不可改变的情况。我像个蠢蛋，不断作无谓的反抗，结果带来无眠的夜晚，我把自己整得很惨。终于，经过一年的自我折磨，我不得不接受我无法改变的事实。"

面对现实，并不等于束手接受所有的不幸。只要有任何可以挽救的机会，我们就应该奋斗！但是，当我们发现情势已不能挽回时，我们最好就不要再思前想后，拒绝面对，要接受不可避免的事实，唯有如此，才能在人生的道路上掌握好平衡。

宽容环境，生活就会更美好

有这么一对夫妇，他们俩对周围环境的态度经常截然相反，即使是两人一起遇到的事情，看法也大不相同，很难相信他们谈的是同一件事。

有一次，他们去参加了一个晚宴，两个人形容起这一晚上的情况，评价和感觉都显然不同。太太详详细细把他们参加的那次"糟透了"的晚宴讲上一番，抱怨吃得不好，客人们没意思，主人冷落了她，一晚上很无聊。她的丈夫也把那次晚宴情况对朋友绘声绘色地讲了一番。他兴高采烈，连说带比划，讲的情况同他太太形容的完全相反。"我当时开心得要命，"他喜形于色地对朋友说，"那次晚宴好极啦，痛快极啦！那么多客人都很有趣，菜非常出色，主人也周到极了！"

他们讲的是同一次晚宴吗？当然是。显然，这对夫妇在对待身边的环境的态度是不一样的，所以对于同一事件的感觉才出现了戏剧性的分歧。他们一个人把精力集中在对环境的不满上，一个晚上都在尽力对周围的一切发牢骚和吹毛求疵，于是看到的都是毛病；另一个打定主意去开心，去享受环境，于是玩得很高兴。

人，活在这个世界上，环境是你生存的基础，但绝不主导你的生活。就拿 Mike 一天的一些极普通的事情来说吧。

迈克一早睁开眼，天气不好，他不太开心。他认为，晴朗和阴霾对人的情绪怎么也有影响，老天爷总不开脸，铅灰色的云层，像一块砖头压在心上，能痛快吗？接着，皱着眉头吃完老样子的早餐，迈克又不满意了，他想，也许从果腹这个角度看，自己的早餐无可挑剔。但人终究和吃饲料的动物不同啊，胃口大小、心情好坏，乃至于咸淡、干稀都要有一些个人的讲究啊！想到终日奔忙，只是为了糊这张嘴，迈克的心情又暗淡了不少。

随后，就该穿衣出门了。这就更麻烦，迈克在那儿脱来换去，发现自己挑选衣服的时候大半不是从个人舒适出发，更多是从顺应别人的眼光。迈克捉摸不透服装潮流，一会儿这么变，一会儿那么变，不知何时是个头？而且变过来变过去，弄得人无所适从，因此更为苦恼。纯粹是在为别人穿衣服，还得小心谨慎。超前了，怕人家说你；落在后面，又怕被讪笑，多没劲啊，迈克心里烦得够呛，做人真难啊！好不容易换好衣服，这就该上班去了。搭乘公共汽车也好，或者骑自行车也好，出了门，一个“挤”字，就把 Mike 的情绪彻底破坏了，觉得世界好大好大，按说不会多自己一个，但别人连一点空隙也不想给自己留下的挤劲，令自己无法快活了。他觉得自己踏进让人焦头烂额的社会后，将来还不知会有哪些坑坑洼注，等着自己去呢？所以，他越想越觉得自己周围的环境简直是太差劲了，越觉得活在这个世界上，太累了。

只要留心生活你就会惊奇地发现，能够体验到环境给自己带来欢跃的人非常之少。不管是你身边的朋友、同事，还是亲人，难得碰见有人能够在自己的山冈上面“瞥见黄色的水仙花”。你是不是只埋怨路边的杂草弄脏了鞋子，而忽视了草坪中充满青春活力的色彩绚丽的花朵呢？你在雨后是不是只两眼盯着道路上的泥泞，而注意不到难得的清新的空气呢？宽容环境，首先要学会忍受环境带来的种种不方便，不抱怨，不强迫，不做任何影响自己的事，主动去接受它，适应它，当你可以和周围的环境融为一体，看到生活中好的方面的时候，世界就会变得更加美好。宽容会让你快乐，让你充实，让你成熟，让你稳重，而环境带来的不愉快自然就会在这样的你的面前烟消云散。

不能改变环境，就学着适应它

诸葛亮说：“腐儒俗士岂识时务，识时务者在乎俊杰。”

什么是识时务呢？识时务即指认清事物的变化方向，了解问题的特征，就如同垂钓之人了解鱼的习性，湘菜馆老板了解湘菜的发展趋势一样。懂得这样做的人才是高明之人，才堪称俊杰。

很多人都在问：“社会变化了，我能够做什么？”这个问题给很多人造成了心理障碍，让他们陷入了痛苦的深渊。

如果你的天赋和内心要求你从事木工工作，那么你就做一个木匠；如果你的天赋和内心要求你从事医学工作，那么你就做一名医生。人的生存离不开环境，环境一旦变化，我们必须随时调整自己

的观念、思想、行动及目标，以适应这种变化，这是生存的客观法则。

但是，有时环境的发展，与我们的事业目标、欲望、兴趣、爱好等发展是不合拍的，有时甚至会阻碍、限制我们欲望和能力的发展。在这个时候，如果我们有能力、有办法来适应环境，使之满足我们能力和欲望的发展需求，则是最难能可贵的。

刚刚毕业于某高校音乐学院的小李，被分配到一家国企的工会做宣传工作。刚开始，他很苦恼，认为自己的专业才能与工作不对口，在这里长干下去，不但自己的前途会被耽误，而且自己的专长也可能荒废。于是，他四处活动，想调到一个适合自己发展的单位。可是，几经折腾，终未成功。最后，他便死心塌地地安守在这个工作岗位上，并发誓要改变"英雄无用武之地"的状况。他找到单位工会主席，提出了自己要为企业筹建乐队的计划。正好这个企业刚从低谷走出来，扭亏为盈，开始进入高速发展时期，自然也想大张旗鼓地宣传企业形象，提高产品的知名度，就欣然同意了他的计划。他来了精神，跑基层、寻人才、买器具、设舞台、办培训，不出半年，就使乐团初具了规模。两年以后，这个企业乐团的演奏水平已成为全市一流，而且堪与专业乐团相媲美，而他自己也成了全市知名度较高的乐队经理。通过自己的努力，他完全改变了自己所处的环境，化劣势为优势，不但开辟出了自己施展才能的用武之地，而且培养了自己的领导管理才能，为他以后寻求更大的发展奠定了坚实的基础。

适应环境需要许多条件，但最重要的是你的信心与智慧，它们相辅相成、缺一不可，有了适应环境的决心和勇气，肯定能够想出解决问题的好方法。

但现实生活中，有的人却不这样，他们改变不了环境，也不利用环境去努力寻找、开创新的机遇，而是怨天尤人、自暴自弃，把自己逼到了死角，一生难有任何作为。

其实，我们经常会身处一个陌生、被动的环境中，而环境本身往往又是不容易被改变的。这时正确的做法就是适应环境，在适应中改变自己、提升自己。

“自己的命运掌握在自己手中。”当你无法改变身处的环境时，就应该以一种积极、向上的态度去适应它，在你付出勤奋、敬业后，便会发现成功已悄然来临。如果有一天你实现了自己的人生目的，你应该自豪地对自己说：“我掌握了命运，这都是我适时调整自己的结果。”

一个人要想生存，要想成为强者，就必须跟着时代的步伐一起前进。也就是说，我们要想改变生存环境，必须首先顺应生存环境的发展变化。如果一个人想改变生存环境，却不能首先顺应环境的发展变化，那么，想改变环境的目的则是不可能达到的。

关上一道门后，总有另一扇窗打开

在人的一生中，每个人都不能保证事业一帆风顺。很多刚刚步入社会的年轻人，自身的经验、才能都尚在成长之中，加上社会上竞争激烈，各个用人单位对人才的要求不尽相同，这期间面试遭淘汰，或者工作不适被辞退，这都是很正常的事情。你不必为此屈辱不堪，耿耿于怀。生活中谁都难免遭遇到挫折，只要你树立信心，继续努力，生活中，肯定会有“柳暗花明又一村”的新景象。

在面试中，被淘汰并不是一件坏事，这家单位不要你，总会有一家适合你的“伯乐”。路正在脚下，即使我们被单位解聘淘汰了也不用去计较，走过去，前面有更光明的一片天空在等着我们。

西娅在维伦公司担任高级主管，待遇优厚。很长一段时间，她都为到底去什么地方度假而烦恼。但是情况很快就变得糟糕起来。为了应对激烈的竞争，公司开始裁员，西娅也在其中。那一年，她43岁。

“我在学校一直表现不错！”她对好友墨菲说，“但没有哪一项特别突出。后来，我开始从事市场销售。在30岁的时候，我加入了那家大公司，担任高级主管。

“我以为一切都会很好，但在我43岁的时候，我失业了。那感觉就像有人给了我的鼻子一拳。”她接着说，“简直糟糕透了。”

西娅似乎又回到了那段灰暗的日子，语气也沉重了许多。“有一段时间，我不能接受自己失业的事实。躲在家里，不敢出门，因为每当看到忙碌的人们，我都会觉得自己没用，脾气也越来越大，孩子们也越来越怕我。情况似乎越来越糟糕。但就在这时，转机出现了。一个月后，一个出版界的朋友问我，如何向化妆业出售广告。这是我擅长的东西。我重新找到了自己的方向：为很多上市公司提供建议，出谋划策。”

两年后，西娅已经拥有了自己的咨询公司。她已经不再是一个打工者，而是成了一个老板，收入自然也比以前多了很多。

“被裁员是一件糟糕的事情，但那绝对不是地狱。也许，对你自己来说，可能还是一个改变命运的机会，比如现在的我。重要的是如何看待，我记得那句名言：世界上没有失败，只有暂时的不成功。”西娅真诚地对墨菲说。

当生活为你关上一扇门时，上帝同时又会为你打开另一扇门。生活在竞争异常激烈的今天，我们应该做好充分的心理准备迎接挑战。世界充满了就业的机遇，也充满了被淘汰的可能。被淘汰不一定是坏事，也许这正是上帝在以另一种方式告诉你，你未尽其才，你需要寻找更适合你发展的空间。即使你的淘汰确实是因为你的能力暂时不足，只要你再接再厉，努力去争取，谁能说你的明天会不如现在呢?

愁也一天，喜也一天

社会上流行一首《宽心谣》：

日出东海落西山，愁也一天，喜也一天；遇事不钻牛角尖，人也舒坦，心也舒坦。

每月领取养老钱，多也喜欢，少也喜欢；少荤多素日三餐，粗也香甜，细也香甜。

新旧衣服不挑选，好也御寒，赖也御寒；常与知己聊聊天，古也谈谈，今也谈谈。

内孙外孙同样看，儿也心欢，女也心欢；全家老少互慰勉，贫也相安，富也相安。

早晚操劳勤锻炼，忙也乐观，闲也乐观；心宽体健养天年，不是神仙，胜似神仙。

朴实语言中，自然透着一种大彻大悟的智慧，世人若能如此生活，宽心面对一切，相信心灵会少许多负累，可是人偏偏要和自己过不去。

有位老太太生了两个女儿，大女儿嫁给伞店老板，小女儿当上了洗衣作坊的女主管。于是老太太整天忧心忡忡，逢上雨天，她担心洗衣作坊的衣服晾不干；逢上晴天，她生怕伞店的雨伞卖不出去，天天为女儿担忧，日子过得很忧郁。后来一个聪明人告诉她：“老

太太，您真是好福气！下雨天，您大女儿家生意兴隆；大晴天，您小女儿家顾客盈门。哪一天你都有好消息啊！”老太太一想，果然如此，从此高兴起来，每天都很舒心。

天空不会因为别人而改变其阴晴不定的本性，人只有学会面对这些必然之事，才能多一些快乐，少一些忧愁。看看现代人，抑郁症成了流行病，路人打招呼都成了：“你抑郁了吗？”难道这个世界就让我们这么绝望，以至于所有的东西都变成了灰色？其实抑郁只是自找的，没有人强加于你，心太窄，终究没有大格局，也不会有大智慧。

很佩服有些人，他们疲于安身立命，却又超凡脱俗，任凭尘世惊涛，社会险难，自在逍遥游。他们从不灰心，从不退缩，他们心宽得很，是为达人。

曾有这么一位人力三轮车师傅，50 多岁，相貌堂堂。有人问他为什么愿意干这样的活儿，他笑着从车上跳下来，并夸张地走了几步给大家看，哦，原来是跛足，左腿长，右腿短，天生的。

他坦然地笑着说，为了能不走路，踩三轮车便是最好的伪装，这也算是“英雄有用武之地”。不时，他还转过头说：“我老婆很漂亮，儿子也很帅！”让坐他车的人如沐春风。

他说，自己没什么文化，但有好体力，踩三轮车，很环保，也可养家糊口，一天可挣上百元。虽然发不了大财，但日子过得还算舒坦，他说他有“人生三愿”，即吃得下饭，睡得着觉，笑得出来。

这位人力三轮车师傅可称为智者。其实想想也是，人生不过数十寒暑，生长壮老，生命就是这么一个简单的过程，有人享受过程，有人痛苦过程，有人眷恋过程。但不管你是有钱，还是有权，都不能改变这个过程。即使可以通过一些手段加长这个过程，但多十年少十年又有多大区别，因此不要老是想不开，拼命地在这个过程中多多占有，以至于过程很累，结果两手空空，何苦呢？

正是“愁也一天，喜也一天”，何不一切随它去，眉间放一字宽，看淡人间名利与恩怨，持平常心，做乐活族。

包容问题，包容残缺

问题是组成的一部分，不过，生活中大多数问题都不会太严重，也不会给我们的生活带来很大的影响。可是有的问题却可能带来悲惨的结果，而原本这些问题对于当事人来说，本该可以避免的——如果当时能多克制自己一下，耐心一点，言语方式都柔婉一些，总之，如果有一颗包容的心，这样的悲剧就不会发生。

这是一个真实的故事：

一个从越战归来的士兵从旧金山打电话给他的父母，对他们说：“爸妈，我回来了，可是我有个请求。我想带一个朋友同我一起回家。”

“当然好啊。”父母回答，“我们会很高兴见到他的。”

不过儿子接下去说：“可是有件事我想先告诉你们，他在越战里受了重伤，少了一条胳膊和一只脚。他现在走投无路，我想请他回来和我们一起生活。”

父亲沉默了一会儿，说：“儿子，我很遗憾，不过或许我们可以帮他找个安身之处。”

儿子的声音有些颤抖：“难道你们不能接受一个残疾人和你们生活在一起吗？”

父亲说：“儿子，你不知道自己在说些什么。像他这样残障的

人会对我们的生活造成很大的负担。我们还有自己的生活要过，不能就让他这样破坏了。我建议你先回家，然后就忘了他吧，他也有他自己的生活，而这是不应该和我们纠缠在一起的。”

儿子沉默了，挂断了电话。之后，他的父母再也没有收到他的消息。

过了一段时间，焦急的父母接到了来自旧金山警局的电话，告诉他们亲爱的儿子已经坠楼身亡了。警方认为这只是单纯的自杀案件，伤心欲绝的父母飞往旧金山，在警方的带领下去停尸间辨认儿子的遗体。

那的确是他们的儿子，可是，令他们不能置信的是，儿子居然只有一条胳臂和一条腿。

这个悲剧性的故事，以它的各种变异形式每天在地球上发生着。

如果那对父母能包容一些，同意接纳儿子所谓的朋友，那他们也就不会永远地失去自己的儿子。对于我们来说，接受那些健康、美丽、聪明、富裕的人是很容易的，可是要接受不如我们健康、美丽、聪明或富裕的人就太难太难了。我们几乎是下意识地会回避那些不如我们的人，因为害怕他们会搅乱我们平静的生活。这，难道不是自私吗？

生活中总是有这样或那样的问题，我们要做一个能包容、心态坦然的人，这样才能成为一个坚强的人，在任何苦难之前都要坚持住，永远、永远不被击倒。

面对嗔怒，宽容是一种美德

在贪、嗔、痴、疑、慢五毒中，“嗔”是烦恼毒的根源，所谓一念嗔心起，八万障门开。在日常生活中，贪欲可以隐藏在内心深处，而很少有人能够喜怒不形于色。大多数人是喜怒无常的，快乐可以不动声色，而怒气却往往很明显地就浮现在脸上或者付诸于报复之中。

圣严法师说："生活中，很多人只要心中有嗔有怨有恨，很快就从面色、言辞、行动上表现出来。修行人要得心安稳安定，感到喜悦安乐，一定要把嗔心除掉。有些人没有表现贪欲，但嗔心很重；他不求名位、利禄、权势，也不想追求男色、女色，但对很多事情、很多人都看不顺眼。既然对任何事都怨忿不平，对任何人都采取对立的心态，心中岂能安定？"

在贪嗔痴这三种最常见的烦恼心中，圣严法师认为嗔心的毒害最大，因为贪往往是需要个人来背负的重担，通常只是带来个人的烦恼，而嗔怒的爆发是有指向性的，一旦发作，害人害己，是"双重的罪恶"。

嗔怒常常发生于不知不觉之间，当人想要控制自己的情绪时，却往往已经失控。嗔怒就像是一匹脱缰的野马，奔跑的方向已经难以掌控，只能在它闯祸之后，自己再来面对一个更加尴尬、更加难以把握的结果。"杀嗔心安稳，杀嗔心不悔；嗔为毒之根，嗔灭一切善"，因此，人往往会有悔，但是能将这错误归结到自己身上的也是少数，很多人甚至会认为这易怒的品性来自于自己的父母。之所以会有这样荒谬的想法，一方面可能是愚蠢，另一方面，则可能是刻意的推卸责任。

有一位学僧请教禅师："我脾气暴躁、气短心急，以前参禅时师父曾经屡次批评我，我也知道这是出家人的大忌，很想改掉它。但是这是一个人天生的毛病，已成为习气，根本无法控制，所以始

终没有办法纠正。请问禅师，您有什么办法帮我改正这个毛病吗？”禅师非常认真地回答道：“好，把你心急的习气拿出来，我一定能够帮你改正。”

学僧不禁失笑，说：“现在我没有事情，不会心急，有时候遇到事情它就会自然跑出来。”禅师微微一笑，说：“你看，你的心急有时候存在，有时候不存在，这哪里是习性？更不是天性了。它本来没有，是你因事情而生，因境而发的。你自己无法控制自己，还把责任推到父母身上，你不认为自己太不孝了吗？父母给你的，只有佛心，没有其他。”

学僧惭愧而退。

故事中的学僧就是一个典型的没有认清自己嗔心源头的人。他把自己的“脾气暴躁、气短心急”归咎到父母身上，却不知这样的品性本非天生，而是源自自己后天的习性。既然是后天养成的。既然如此，那么，嗔心就是能够改变的。一个人若能够时刻提醒自己以一颗宽容心对己对人，以一份豁达的心境面对人与事，那么，这个人就能够除却很多烦恼，保持一颗宁静的心。

“壁立千仞，无欲则刚”，布施心让人变得更加坚强，“海纳百川，有容乃大”，宽容心让人更加柔韧，坚韧是一种特质，像水一样，刀剑斩不断，绳索缚不住，牢笼困不得，而水滴却能穿石。

有一天，佛陀在竹林精舍的时候，忽然来了一个人，那人愤怒地冲进精舍来。因为他同族的人，都出家到佛陀这里来了，因此他大发嗔火。

佛陀默默地听了他的辱骂后，等他稍微安静时，对他说：“你的家偶尔也有访客吧？”那人回答：“当然有了，你为什么问这些？”佛陀不答，继续问道：“那个时候，你偶尔也会款待客人吧？”那个人说："那是当然了。"佛陀继续问："假如那个时候，访客不接受你的款待，那么，那些菜肴应该归谁呢？"那个人回答："要是他不吃的话，那些菜肴只好归我了。"佛陀以慈祥的目光盯着他看了一会儿，然后说："你今天在我面前说很多坏话，但是我并不接受它，所以你的无理谩骂，那是归于你自己的啊！婆罗门啊，如果我被谩骂，而再以恶语相向时，就有如主客一起用餐一样，因此，我不接受这个菜肴。"

然后，佛陀说："对愤怒的人，以愤怒还愤怒是一件不应该的事。对愤怒的人，不以愤怒还愤怒的人，将可得到两个胜利：知道他人的愤怒，而以正念镇静自己的人，不但胜于自己，而且胜于他人。"

面对他人的无理谩骂，佛陀并未生气，而是以一种平和的心态对待，甚至以一颗宽容之心为他剖析其中缘由，实际上这是佛陀对他的点悟和开示，是否能够参透，则要看他自己的造化了。

在圣严法师眼中，灭嗔心是修行的必经之路，"如果能灭嗔心，就能修行一切善法。当嗔心的火熄灭时，对人会生起慈悲心，会以关怀、原谅、同情的心待人；当嗔心消灭时，对一切事物的决断，会以纯客观的智慧来处理自己的问题，分析他人的问题，化解一切麻烦的问题。所以说一旦嗔心灭，一切善法生了。"所以，众生在修行之时要学会以豁达的心胸待人处事，不以人之犯己而动气，以祥和慈悲的态度面对一切事、一切人，如此，就能够在世事面前如流水一样，可方可圆，顺其自然，过幸福的人生。

原来我们可以如此幸运

听说过这样一句话："在这个世界上，你是自己最好的朋友，

你也可以成为自己最大的敌人。”当你接受自己、热爱自己时，你的心里就充满了阳光；而当你排斥自己、讨厌自己时，你的心灵就会被冰雪覆盖。你要知道，微不足道的一点烦恼也可以染黑你的整个生活。

据说，有一个富翁，为了教每天精神不振的孩子知福惜福，便让他到当地最贫穷的村落住了一个月。一个月后，孩子精神饱满地回家了，脸上并没有带着“下放”的不悦，让富爸爸感到不可思议。爸爸想要知道孩子有何领悟，问儿子：“怎样？现在你知道，不是每个人都能像我们过得这么好吧？”

儿子说：“是的，他们过的日子比我们还好。因为，我们晚上只有灯，他们却有满天星空。我们必须花钱才买得到食物，他们吃的却是自己的土地上栽种的免费粮食。

“我们只有一个小花园，对他们来说到处都是花园。

“我们听到的都是噪音，他们听到的都是自然音乐。

“我们工作时神经紧绷，他们一边工作一边大声唱歌。

“我们要管理佣人、管理员工，他们只要管好自己。

“我们要关在房子里吹冷气，他们在树下乘凉。

“我们担心有人来偷钱，他们没什么好担心的。

“我们老是嫌菜不好，他们有东西吃就很开心。

“我们常常失眠，他们睡得好安稳。所以，谢谢你，爸爸。你让我知道，我们可以过得那么好。”

很多刚刚踏入社会的年轻人，无论思想还是为人处世，都有甚多不成熟的地方，却又敏感异常。他们希望事事做到完美，人人都能赞许他。但当这种想法不能实现时，他们就很轻易地陷入不如意的境地，觉得自己是全世界最倒霉的人了。

也许，你并不确切地了解自己幸运与否。没关系，这儿有一份专家们的“全球报告”，来细细地对照一下吧：

如果我们将全世界的人口压缩成一个100人的村庄，那么这个村庄将有：

57名亚洲人，21名欧洲人，14名美洲人和大洋洲人，8名非洲人；52名女人和48名男人，30名白人和70名非基督教徒，89名异性恋和11名同性恋；

6人拥有全村财富的89%，而这6人均来自美国；80人住房条件不好；70人为文盲；50人营养不良；1人正在死亡；1人正在出生；1人拥有电脑；1人（对，只有1人）拥有大学文凭。

如果我们从这种压缩的角度来认识世界，我们就能发现：

假如你的冰箱里有食物可吃，身上有衣可穿，有房可住，有床可睡，那么你比世界上75%的人更富有。

假如你在银行有存款，钱包里有现钞，口袋里有零钱，那么你属于世界上8%最幸运的人。

假如你父母双全且没有离异，那你就是很稀有的地球人。

假如你今天早晨起床时身体健康，没有疾病，那么你比其他几千万人都幸运，他们甚至看不到下周的太阳。

假如你从未尝试过战争的危险、牢狱的孤独、酷刑的折磨和饥饿的煎熬，那么你的处境比其他5亿人更好。

假如你能随便进出教堂或寺庙而没有任何被恐吓、强暴和杀害的危险，那么你比其他30亿人更有运气。

假如你读了以上的文字，说明你就不属于20亿文盲中的一员，他们每天都在为不识字而痛苦……

看吧，我们原来这么幸运。只要肯用心去面对，用心去体会，我们当下拥有的，足以幸福一生了。

学会豁达一些，在盯着他人财富的同时，也细细清点一下自己的所有，你会发觉，自己的运气其实一点都不差。

从新的视角拍摄生活的乐趣

一少妇投河自尽，被正在河中划船的船夫救起。

船夫问："你年纪轻轻，为何自寻短见？"

"我结婚才两年，丈夫就抛弃了我，接着孩子又病死了。您说我活着还有什么意思？"

船夫听了，想了一会儿，说："两年前，你是怎样过日子的？"

少妇说："那时的我自由自在，没有任何烦恼……"

"那时你有丈夫和孩子吗？"

"没有。"

"那么你不过是被命运之船送回到两年前去了。现在你又自由自在，没有任何烦恼了，你还有什么想不开的？请上岸去吧……"

听了船夫的话，少妇仿佛做了一个梦，她揉了揉眼睛，想了想，心中豁然开朗。从此，她没有再寻短见。她从另一个角度看到了希望的曙光。

有位哲人说："我们的痛苦不是问题的本身带来的，而是我们对这些问题的看法而产生的。"这句话很经典，它引导我们学会解脱。解脱的最好方式是面对不同的情况时，用不同的思路从多角度分析问题。因为事物都是多面性的，视角不同，所得的结果就不同。

要解决一切困难是一个美丽的梦想，但任何一个困难都是可以解决的。一个问题就是一个矛盾的存在，而每一个矛盾只要找到了合适的介点，就可以把矛盾的双方统一。这个介点不停地变幻，它总与那些处在痛苦中的人玩游戏。转换看问题的视角，就是不能用同种方式去看所有的问题和问题的所有方面。如果那样，你肯定会钻进死胡同，离介点越来越远，处在混乱的矛盾中不能自拔，就像故事中的那个少妇一样容易产生轻生的念头。

活着是需要睿智的。如果你能换个视角看问题，你就会看到事物美好的一面：

换个视角看人生，你就会从容坦然地面对生活。当痛苦向你袭来的时候，不要悲观气馁，要寻找痛苦的原因、教训及战胜痛苦的方法，勇敢地面对多舛的人生。

换个视角看人生，你就不会为战场失败、商场失手、情场失意而颓废，也不会为名利加身、赞誉四起而得意忘形。

换个视角看人生，是一种突破、一种解脱、一种超越、一种高层次的淡泊宁静。换一个视角看待世界，世界无限宽大；换一种立场对待人事，人事无不自在。

第三章

悦纳自己，包容自身的不完美

世上没有绝对的完美

“断臂维纳斯”一直被认为是迄今发现的希腊女性雕像中最美的一尊。美丽的椭圆形面庞，希腊式挺直的鼻梁，平坦的前额和丰满的下巴，平静的面容，无不带给人美的感受。

她那微微扭转的姿势，和谐而优美的螺旋形上升体态，富有音乐的韵律感，充满了巨大的魅力。

作品中女神的腿被富有表现力的衣褶所覆盖，仅露出脚趾，显得厚重稳定，更衬托出了上身的秀美。她的表情和身姿是那样的庄严崇高而端庄，像一座纪念碑；然而又是那样优美，流露出女性的柔美和妩媚。

令人惋惜的是，这么美丽的雕像居然没有双臂。于是，修复原作的双臂成了艺术家、历史学家最神秘也最感兴趣的课题。当时最典型的几种方案是：左手持苹果、搁在台座上，右手挽住下滑的腰布；双手拿着胜利花圈；右手捧鸽子，左手持苹果，并放在台座上让它啄食；右手抓住将要滑落的腰布，左手握着一束头发，正待入浴；与战神站在一起，右手握着他的右腕，左手搭在他的肩上……但是，只要有一种方案出现，就会有一种反驳的理由。最终得出的结论是，保持断臂反而是最完美的形象！

人生就像维纳斯的雕像一样，因为不圆满而变得富有深意。

苛求完美是一种心理洁癖，容不得事物有半点瑕疵。实际上，世界正是有了缺憾，才使我们整个生命有了追求前进的动力，珍惜

缺憾，它就是下一个完美。每一个人在内心都有一种追求完美的冲动，当一个人对于现实世界的残缺体会越深时，他对完美的追求就会越强烈。这种强烈的追求会使人充满理想，但这种强烈的追求一旦破灭，也会使人充满绝望。

这个世界上没有任何一件事物是十全十美的，它们或多或少皆有瑕疵，人类亦同。我们只能尽最大的努力去使它更完美一些。智者告诉我们，凡事切勿过于苛求，如果采取一种务实的态度，你会活得更快乐！

完美是一座心中的宝塔，你可以在内心中向往它、塑造它、赞美它。一个人只有经受住失败的悲哀才能到达成功的巅峰，亡羊补牢，犹未为晚。不必为了一件事未做到尽善尽美的程度而自怨自艾。

没有“瑕疵”的事物是不存在的，盲目地追求一个虚幻的境界只能是劳而无功。我们不妨问一问：“我们真的能做到尽善尽美吗？”既然不行，我们就应该重新修正认识。

不必把一个污点放大到全身

莎士比亚说：“聪明的人永远不会坐在那里为他们的损失而悲伤，却会很高兴地去找出办法来弥补他们的创伤。”

在这个世界上，谁都难免犯错误，即使是四条腿的大象，也有摔跤的时候。“人要不犯错误，除非他什么事也不做，而这恰好是他最基本的错误。”

反省是一种美德。对自己做错了的事，知道悔悟和责备自己，这是敦品厉行的原动力。不反省不会知道自己的缺点和过失，不悔悟就无从改进。

在你已经知错、决定下次不再犯的时候，就是停止后悔的最好的时候，然后，你就应该摆脱这悔恨的纠缠，使自己有心情去做别的事。如果悔恨的心情一直无法摆脱，而你一直苛责自己，懊恼不止，那就是一种病态，或可能形成一种病态了。

你不能让病态的心情持续。你必须了解它是病态，一旦精神遭受太多折磨，有发生异状的可能，那就严重了。

所以，当你知道悔恨与自责过分的时候，要相信自己能够控制自己，告诉自己“赶快停止对自己的苛责，因为这是一种病态。”为避免病态具体化而加深，要尽量使自己摆脱它的困扰。这种自我控制的力量是否能够发挥，决定一个人的精神是否健全。

每个人都有缺点，这是为什么我们要受教育。教育使我们有能力认识自己的缺点并加以改正，这就是进步。但在知道随时发现自己的缺点并随时改正之外，更要注意建立自己的自信，尊重自己的自尊。

有人一旦犯了错误，就觉得自己样样不如人，由自责产生自卑，由于自卑而更容易受到打击。经不起小小的过失，受到了外界一点点轻侮或为任何一件小事，都会痛苦不已。

一个人缺少了自信，就容易对环境产生怀疑与戒备，所谓“天下本无事，庸人自扰之”。面对这种“无事自扰”的心境，最好的方法是努力进修，勤于做事，使自己因有进步而增加自信，因工作有成绩而增加对前途的希望，不再向后做无益的回顾。

进德与修业，都能建立一个人的自信心和荣誉感。对自己偶尔的小错误、小疏忽，就不致过分苛责，而应从悔恨中发挥积极的力量。

自尊心人人都有，但没有自信做基础，就会使人变为偏激狂傲或神经过敏，以致对环境产生敌视与不合作的态度。要满足自尊心，

只有多充实自己，使自己减少“不如人”的可能性，而增加对自己的信心。

一个健全的好人应该是该做就做，想说就说，一切要求合情合理之外，如果自己偶有过失，也能潇潇洒洒地承认：“这次错了，下次改过就是。”不必把一个污点放大为全身的不是。

标准过高只会迷失自己

古时候，有户人家有两个儿子。当两兄弟成年以后，他们的父亲把他们叫到面前说：在群山深处有绝世美玉，你们都成年了，应该去探险，去寻求那绝世之宝。

两兄弟次日就离家出发去山中寻找美玉。大哥是一个注重实际、不好高骛远的人。有时候，即使发现的是一块有残缺的玉，或者是一块成色一般的玉甚至有些奇异的石头，他都统统装进了行囊。过了几年，到了他和弟弟约定会合回家的时间，此时他的行囊已经满满的了，尽管没有父亲所说的绝世完美之玉，但造型各异、成色不等的众多玉石，在他看来也足以令父亲满意了。

后来弟弟到了，两手空空，一无所得。弟弟说，你这些东西都不过是一般的珍宝，不是父亲要我们找的绝世珍品，拿回去父亲也不会满意的。弟弟说，我不回去，我要继续去更远更险的山中探寻，我一定要找到绝世美玉。

哥哥带着他的那些东西回到了家。父亲说，你可以开一个玉石馆或一个奇石馆，那些玉石稍一加工，都是稀世之品，那些奇石也是一笔巨大的财富。但父亲听了他介绍弟弟探宝的经历后就说，你弟弟不会回来了，他是一个不合格的探险者。他如果幸运，能中途醒悟，明白至美是不存在的这个道理，是他的福气。如果他不能早悟，便只能以付出一生为代价了。

短短几年，哥哥的玉石馆已经享誉八方，在他寻找的玉石中，有一块经过加工成为不可多得的美玉，被国王御用作了传国玉玺，哥哥因此也成了倾城之富。

很多年以后，父亲的生命已经奄奄一息。哥哥对父亲说要派人去寻找弟弟。父亲说，不要去找了，经过了这么长的时间和挫折他都不能顿悟，这样的人即便回来又能做成什么事情呢？世间没有纯美的玉，没有完善的人，没有绝对的事物，为追求这种东西而耗费生命的人，何其愚蠢啊！

世界并不完美，人生当有不足。没有遗憾的过去无法链接人生。对于每个人来讲，不完美是客观存在的，无需怨天尤人。

如果总是不知足，很少肯定自己，自己就很少有机会获得信心。不知足就不快乐，痛苦就常常跟随着他，周围的人也会不快乐。学会欣赏别人和欣赏自己是很重要的，这是使人更进一步实现下一个目标的基石。

智者即使再优秀也有缺点，愚者再愚蠢也有优点。生活中对己宽、对人严的做法，必遭别人唾弃。对人多做正面评估，不以放大镜去看缺点，避免以完美主义的眼光去观察每一个人，而应以宽容之心包容其缺点。少些责难之心，多些宽容之心。

不要为你的缺点遮羞

很多年轻人都喜欢追求完美，喜欢在一种唯美的思绪里畅想自己的未来。但是，生活中，又有多少事物能像韩剧中那么完美？那么经得住人们想象的寄托？

人没有完美的，总会有这样或那样的缺点。缺点是否成为成功路上的障碍，关键是要看成就什么样的事业。想成为万人瞩目的政治领袖吗？就需要具有富兰克林那样的勇气，检视自己的缺点，并与之进行坚持不懈的斗争，直到胜利为止。

克劳兹是美国某企业总裁，他奋斗了8年让企业的资产由200万美元发展到5000万美元。2005年，他去华盛顿领取了本年度国家蓝色企业奖章。这是美国商会为奖励那些战胜逆境的企业而颁发的，那年只颁发了6枚奖章。

克劳兹可以算是一个成功的企业家了，可他的心中却有一个难言之隐，他将它深深藏在心里已经很多年了。白天克劳兹应接不暇地处理对外事务，好像是忙得没有时间去阅读邮件和文件。很多文件由公司的管理人员白天就处理好了，白天遗留下来的文件，到了晚上，由他的妻子莱丝帮助他处理，他的下属对他无法阅读这件事一直一无所知。克劳兹的痛苦起源于童年。当时他在内华达的一个小矿区里上小学。“老师叫我笨蛋，因为我阅读困难。”他说。他是整个学校里最安静的小孩，总是默默地坐在教室的最后一排。他天生有阅读障碍，老师又责骂他，他在学校的学习变得更艰难了。1963年，他从高中勉强毕业，当时他的成绩主要是C、D和F（A是最高等级）。

高中毕业后，克劳兹搬到了雷诺市，用200美元的本金开了一家小机械商店。经过不懈的努力，1997年他已经成功开了5个分店，资产远远超过200美元。今天他的企业已经成为所在行业的佼佼者，公司每年至少有1500万美元的利润。

克劳兹害怕受到那些大多是大学毕业的首席执行官们的嘲笑和轻视。但是，他没想到他得到的是更多的支持和鼓励。“这使我更加佩服他获得的成功，这加深了我对他的敬意。”他的一个下属说。另外，当克劳兹告诉他的其他雇员他不会阅读的时候，也赢得了雇员们的尊重。克劳兹说：“自从我下决心让每个人都知道这件事以来，我心里轻松了许多。”

从那以后，克劳兹聘请了一名家庭教师为他做阅读辅导。克劳兹最近正在读一本管理方面的书。他在所有他不认识的单词下面画线，然后去查字典，读得很慢。他希望有一天他能像他妻子那样可以迅速地读完办公桌上所有的文件和信函。更重要的是，他希望他的故事能鼓励其他正在学习阅读的人。

有缺点没有什么可羞愧的，然而，如果明知自己有缺点却不做任何改进，那就变成一种耻辱了。自己不去正视缺点，它将永远是缺点。克服它、战胜它的过程也是优点凸显的过程。

接受别人的帮助不必感到羞愧

一个人的才能和力量总是有限的，很多时候我们都需要别人的帮助，在必要的时候接受别人的帮助，战士要像保护自己的城池一样是在履行自己的职责。在战场上，如果你拒绝别人的帮助就会使自己处于孤立无援的位置，有可能失去城池甚至是自己的生命，因此接受别人的帮助没有什么好羞愧的。

一个小男孩在沙滩上玩耍。他身边有他的一些玩具——小汽车、货车、塑料水桶和一把亮闪闪的塑料铲子。在松软的沙堆上修筑公路和隧道时，他发现一块很大的岩石挡住了去路。小男孩开始挖掘岩石周围的沙子，企图把它从泥沙中弄出去。他是个很小的孩子，而岩石却相当巨大。手脚并用，他花尽了力气，岩石却纹丝不

动。小男孩下定决心，手推、肩挤，左摇右晃，一次又一次地向岩石发起冲击，可是，每当他刚把岩石搬动一点点的时候，岩石便又随着他的稍事休息而重新返回原地。小男孩气得直叫唤，使出吃奶的力气猛推猛挤。但是，他得到的唯一回报便是岩石滚回来时砸伤了他的手指。最后，他筋疲力尽，坐在沙滩上伤心地哭了起来。

这整个过程，他的父亲从不远处看得一清二楚。当泪珠滚过孩子的脸庞时，父亲来到了他的跟前。父亲的话温和而坚定："儿子，你为什么不用上所有的力量呢？"男孩抽泣道："爸爸，我已经用尽全力了，我已经用尽了我所有的力量！""不对，"父亲亲切地纠正道，"儿子，你并没有用尽你所有的力量。你没有请求我的帮助。"说完，父亲弯下腰抱起岩石，将岩石扔到了远处。

这个故事就是要告诉我们，在你尽了自己所有的努力仍然没有完成任务时，接受别人的帮助往往会事半功倍。可是在现实生活里，人们却常常不喜欢主动请求别人的帮助，觉得寻求别人的帮助是一件很不好的事情。

克契到佛光禅师那里学禅也有好一段时间了，由于个性客气，遇事总会想办法自己解决，尽可能不麻烦别人，就连修行也是一个人闷着头默默地进行。一天，佛光禅师问他说："你来我这儿也有 12 个年头了，有没有什么问题？要不要坐下来聊聊？"

克契连忙回答："禅师您已经很忙了，学僧怎好随便打扰呢？"

时光荏苒，岁月如梭，一晃眼，又是三个秋冬。

这天，佛光禅师在路上碰到克契，又有意点他，主动问道："克契啊！你在参禅修道上可有遇到些什么问题吗？有的话就要开口问。"

克契答道："禅师您那么忙，学僧不好耽误您的时间！"

一年后，克契经过佛光禅师禅房外，禅师再对克契语道：“克契你过来，今天我有空，不妨进禅室来谈谈禅道。”

克契禅僧赶忙合掌作礼，不好意思地说：“禅师很忙，我怎能随便浪费您的时间？”佛光禅师知道克契过分谦虚，这样的话，再怎样参禅，也是无法开悟的，得采取更直接的态度不可了，所以当佛光禅师再次遇到克契的时候，便明白地对克契说：“学道坐禅，要不断参究，你为何老是不来问我呢？”

只见克契仍然应道：“老禅师，您忙！学僧实在是不敢打扰！”

这时，佛光禅师大声喝道：“忙！忙！我究竟是为谁在忙呢？除了别人，我也可以为你忙呀！”佛光禅师这一句“我也可以为你忙”的话，顿时打入克契的心中。

自己的力量是有限的，只有善假于物，必要的时候接受别人的帮助才能使事情事半功倍。若想在自己困难的时候有人愿意帮助你，你平时就必须要做到：

关心别人，做到心中有他人。给人适当的关心，会让人对你产生信任。当你有困难的时候，别人也会给予及时的帮助。

在接受别人的帮助后，要真诚地感激，并且不要为有人帮助了你而感到羞愧。

跨越性格缺陷，完美就在背后

心理学研究结果表明，一个人性格的好与坏在很大程度上对其事业成功与否、家庭生活幸福与否、人际关系良好与否起了决定性的作用。健全的个性是事业成功的基础、家庭幸福的根基、人际关系良好的基石。21 世纪是文化科技高速发展的时代，健全的个性是

通向成功的护身符。

改善你的个性，健全你的个性，扼住命运的咽喉，才能做命运的主人。要改善自己的个性、健全自己的个性，前提是要认识自己的个性，找到自己性格中存在的缺陷，对症下药，为明天的成功铺一块基石。

欧玛尔是英国历史上著名的剑术高手，他有一个实力相当的对手，两个人互相挑战了30年，却一直难分胜负。

有一次，两个人正在决斗的时候，欧玛尔的对手不小心从马上摔了下来，欧玛尔看见机会来了，立刻拿着剑从马上跳到对手身边，这时只要一剑刺去，欧玛尔就能赢得这场比赛了。欧玛尔的对手眼看着自己就要输了，因此感到非常愤怒，情急之下便朝欧玛尔的脸上吐了一口口水，这不但是为了表达自己的怒气，也是为了要羞辱欧玛尔。没想到欧玛尔在脸上被吐了口水之后，反而停下来对他的对手说："你起来，我们明天再继续这场决斗。"欧玛尔的对手面对这个突如其来的举动，感到相当诧异，一时间显得有点不知所措。

欧玛尔向这位缠斗了30年的对手说："这30年来，我一直训练自己，让自己不带一丝一毫的怒气作战，因此，我才能在决斗中保持冷静，并且立于不败之地。刚才，在你吐我口水的那一瞬间，我知道自己生气了，要是在这个时候杀死你，我一点都不会有获得胜利的感觉。所以，我们的决斗明天再开始。"

可是，这场决斗却再也没有开始。因为，欧玛尔的对手从此以后变成了他的学生，他想学会如何不带着怒气作战。

试想，如果当初欧玛尔因对手的那口口水而一剑刺向对手，那么，他肯定成不了历史上著名的剑术高手，他的剑术也会因他易怒的性格而大打折扣。所幸的是，他平时在改造自己易怒的性格上的努力最终让他不仅赢得了胜利和荣誉，更赢得了对手的友谊。

改变性格所带来的除了技艺的精湛和人际关系的和谐外，还往往能带来意想不到的商机，狮王牙刷公司的加藤信三便是很好的例子：

加藤信三是日本狮王牙刷公司的小职员。起床后，他匆匆忙忙地洗脸、刷牙，不料，急忙中出了一些小乱子，牙龈被刷出血来！加藤信三不由火冒三丈。因为刷牙时牙龈出血的情况已不止一次发生过了。他本想到公司技术部大发一通脾气，但走到半路上，他努力让自己的怒火平静下来，并开始回想自己刷牙的过程，才发现自己一直都太急躁，但同时加藤发现了一个为常人所忽略的细节：他在放大镜下看到，牙刷毛的顶端由于机器切割，都呈锐利的直角。“如果通过一道工序，把这些直角都挫成圆角，那么问题就完全解决了！”

于是，加藤信三一改往日的急躁、粗心，在一次次试验后终于把新产品的样品正式向公司提出。公司很乐意改进自己的产品，迅速投入资金，把全部牙刷毛的顶端改成了圆角。

改进后的狮王牌牙刷很快受到了广大顾客的欢迎。对公司做出巨大贡献的加藤也从普通职员晋升为了科长。

生活的美妙在于一个人不断地从缺陷到完美的历程。谁也不是一生下来就什么都会的，什么都知道的，也不是一生下来就有很大勇气的，这些都是在后天培养的，不要因为自己现在没有而失落，要努力去争取，这才是真正的任务。你发现自己缺少了什么，然后给自己补上，这不就不缺少了吗？对于自己也是走向完美的一小步。永远不要让自己的性格局限自己，给自己一个走向完美的期限，迈出走向完美的第一步，很快你就会成功。

自卑和自信往往就在一念之间

很多时候人会这样问自己：“假如……我可以吗？”这是一种不自信的表现。其实自卑和自信往往就在一念之间，去除自卑，自信就会从心底应运而生。

世上大部分不能走出生存困境的人都是因为对自己信心不足，他们就像一株脆弱的小草一样，毫无信心去经历风雨，这就是一种可怕的自卑心理。所谓自卑，就是轻视自己，自己看不起自己。自卑心理严重的人，并不一定是其本身具有某些缺陷或短处，而是不能悦纳自己，总是自惭形秽，常把自己放在一个低人一等，不被自我喜欢，进而演绎成别人也看不起自己的位置，并由此陷入不能自拔的痛苦境地，心灵笼罩着永不消散的愁云。

一位父亲和他的儿子出征打仗，父亲已做了将军，儿子还只是马前卒。又一阵号角吹响，战鼓擂响了，父亲庄严地托起一个箭囊，其中插着一只箭。他郑重地对儿子说：“这是家传宝箭，带在身边，你将力量无穷，但千万不可将箭抽出来。”

那是一个极其精美的箭囊，用厚牛皮打制，镶着幽幽泛光的铜边儿，再看露出的箭尾，一眼便能认定是用上等的孔雀羽毛制作的。儿子喜上眉梢，贪婪地推想箭杆、箭头的模样，想象着箭嗖嗖地掠过，敌方的主帅应声折马而毙。

果然，佩带宝箭的儿子英勇非凡，所向披靡。当鸣金收兵的号角吹响时，儿子再也禁不住得胜的豪气，完全忘记了父亲的叮嘱，强烈的欲望驱赶着他一气把拔出宝箭，试图看个究竟。骤然间他惊呆了——一只断箭，箭囊里装着一只折断的箭。“我一直带着断箭打仗呢！”儿子吓出了一身冷汗，顷刻间失去支柱，轰然坍塌了。

结果不言自明，儿子惨死于乱军之中。

拂开蒙蒙的硝烟，父亲捡起那柄断箭，沉重地啐一口道：“不相信自己的人，永远也做不成将军。”

假如“儿子”充满自信，那么情况可能就是另一种样子，可是人生没有假如。当大好的人生机遇出现在眼前时，自卑者怀疑自己是否能够做好它，不敢伸手一抓，不敢奋力一搏。未战心先怯，只会白白贻误良机。在面对一件事情的时候，自卑者会让机会从身边悄悄溜走，等到事情过后，又陷入不断的自责之中，于是更加自卑。更重要的是，具有自卑情结会造成人格和心理的卑怯，不敢面对挑战，不敢以火热的激情拥抱生活，而是卑怯地自怨自艾。久而久之，积卑成“病”，就会失去应有的雄心和志气。

所以，我们一定要根据自身的条件，横扫身上的一切自卑情结。当自己怀疑自己能力的时候，不断地暗示自己可以出色地完成任务；当觉得自己不如别人的时候，告诉自己他们只是比自己早成功了一步而已，自己通过奋斗可以比他们更成功。相信自己的力量，自己是最优秀的人，让就“假如”变成一定！

每个人都是上帝的宠儿

很多时候，人总觉得自己不重要，少个我和多个我没什么区别，而作为独一无二的我真的不重要吗？对自己的父母来讲，你是他们爱情的结晶和今后的希望，对于你的妻子来讲，不论别人多么优秀你依然是她每天心里挂念的人；对于你的儿女来讲，你就是他们可以仰仗的大树，对于你的好朋友来说，你就是他们一生中

不可缺少的知己……难道这样的我不重要吗？当然不是！“我”很重要。

当我们对自己说出“我很重要”这句话的时候，“我”的心灵一下子充盈了。是的，“我”很重要。

“我”是由无数星辰、日月、草木、山川的精华汇聚而成的。只要计算一下我们一生吃进去多少谷物，饮下多少清水，才凝聚成这么一具美轮美奂的躯体，我们一定会为那数字的庞大而惊讶。世界付出了那么多才塑造了这么一个“我”，难道“我”不重要吗？

你所做的事，别人不一定做得来。而且，你之所以为你，必定是有一些相当特殊的地方——我们姑且称之为特质吧！而这些特质是别人无法模仿的。

既然别人无法完全模仿你，就不一定做得了你能做的事。那么，他们怎么可能给你更好的意见呢？他们又怎能取代你的位置，替你做些什么呢？所以，你不相信自己，又能相信谁呢？况且，每个人都是上帝的宠儿，上帝造人时即已赋予每个人与众不同的特质，所以每个人都会以独特的方式与别人互动，进而感动别人。要是你不相信的话，不妨想想：有谁的基因会和你完全相同？有谁的个性会和你丝毫不差？由此，我们相信：你有权活在这世上，你是别人无法取代的。

不过，有时候别人（或者是整个大环境）会怀疑我们的价值，时间一长，连我们自己都会对自己的重要性感到怀疑。请你千万不要让这类事情发生在你身上，否则你一辈子都无法抬起头来。记住！你有权力相信自己很重要。

“我很重要。没有人能替代我，就像我不能替代别人一样。我很重要！”

生活就是这样的，无论是有意还是无意，我们都要对自己有信心。不要总是拿自己的短处去对比人家的长处，却忽视了自己也有别人所不及的地方。自卑是心灵的腐蚀剂，自信是心灵的发电机。所以，无论我们身处何境，都不要让自卑的冰雪侵占心灵，而应燃烧自信的火炬，始终相信自己是最优秀的，这样才能激发生命的潜能，创造无限美好的生活。

也许我们的地位低下，也许我们的身份卑微，但这并不意味着我们不重要。重要并不是伟大的同义词，它是心灵对生命的允诺。人们常常从成就事业的角度，判断自己是否重要。但这并不应该成为标准，只要我们时刻努力，为光明奋斗，我们就是无比重要的不可替代的存在。

让我们昂起头，对着地球上无数的生灵，响亮地宣布：我很重要！

面对这么重要的自己，我们有什么理由不爱自己呢?

包容自己，逃出“心狱”的监禁

现实生活里，有不少人自觉不自觉地把自己讨厌的事塞满自己的脑袋，把一些不相干的事与自己联系在一起，造成了心理压力。殊不知，对于自己讨厌的、想不通的事，我们可以不去想，否则最后你就会变成压力的囚徒。

我们总是执迷不悟，对于压力不肯放手，死死握紧，不肯去寻找新的机会，发现新的思考空间，所以陷入愁云惨雾中。

人的一生充满坎坷，稍不留神，就会被自己营造的“心狱”监禁。在“心狱”里，很多人还在不停地折磨自己，结果造成无法挽回的悲剧。有人认为，“心狱”无法逃离。但事实怎样？人的“心理牢笼”既然是自己营造的，人就有冲出“心理牢笼”的本能。这

种本能就是精神上的包容，有了这种包容，什么样的“心理牢笼”都可以攻破。

有这样一句话：除了上帝之外，谁能无过？犯了错只表示我们是人，不代表就该承受如下地狱般的折磨。我们唯一能做的就是正视这种错误的存在，在错误中吸取教训，以确保未来不再发生同样的憾事。接下来就应该获得绝对的宽恕，然后就它忘了，继续向前进。

只要生活在这个世界上，就难免犯错，要是对每一件都深深地自责，一辈子都背着一大袋的罪恶感生活，你还能奢望自己走多远？

人生之帆，不论顺风或逆风都要前进。包容自己，才能把犯错与自责的逆风，化为成功的推力。

学会给自己释放压力，其实就是在包容自己。

每天给自己一小时独处的时间。

每天皆以祈祷、静思、默想作为开始和结束。

简单生活，别让自己活得太累。

行程表别排得太满。

设定合理的工作期限。

别承诺你做不到的事情。

做每一件事都多给自己半小时的时间。

随身携带有趣的读物。

呼吸——经常深呼吸。

活动身体——行走、跳舞、跑步，做你喜欢的运动。

重视存在，别总是一味地做事。

每周腾出休息和恢复的一天。

笑口常开。

沉浸于自己的感觉中。

总是以舒适为优先考虑。

如果你不喜欢它，就把它请出你的生活。

让大自然母亲滋养自己。

别再去讨好每一个人。

开始讨好你自己。

别和老是对你不满的人在一起。

别浪费宝贵的资源：时间、创造能量、感情。

滋养友谊。

别惧怕自己的热望。

放弃期待。

品味美丽的事物。

有“是”就有“不”。

别担忧，包容才能快乐。

只看我所有的便能拥有快乐

金无足赤，人无完人。每一个人都是优点和缺点的集合体，你也许没有过人的口才，但是善于写作；也许没有领导的才能，但是善于配合。我们不要一味盯着自己的缺点，困在自己画的圈子内黯然神伤，应该看到自己的优点，经营自己的长处，积极地生活。

她站在台上，不时不规律地挥舞着她的双手；仰着头，脖子伸得好长好长，与她尖尖的下巴扯成一条直线；她的嘴张着，眼睛眯成一条线，诡谲地看着台下的学生；偶然她口中也会咿咿唔唔的，不知在说些什么。基本上她是一个不会说话的人，但是，她的听力

很好，只要对方猜中，或说出她的意见，她就会乐得大叫一声，伸出右手，用两个指头指着你，或者拍着手，歪歪斜斜地向你走来，送给你一张用她的画制作的明信片。

她就是黄美廉，一位自小就患脑性麻痹的病人。脑性麻痹夺去了她肢体的平衡感，也夺走了她发声讲话的能力。从小她就活在诸多肢体不便及众多异样的眼光中，她的成长充满了血泪。然而她没有让这些外在的痛苦击败她内在奋斗的精神，她昂然面对，迎向一切的不可能，终于获得了加州大学艺术博士学位。她把她的手当画笔，以色彩告诉人们“寰宇之力与美”，并且灿烂地“活出生命的色彩”。全场的学生都被她不能控制自如的肢体动作震慑住了，这是一场倾倒生命、与生命相遇的演讲会。

“请问黄博士，”一个学生小声地问，“你从小就长成这个样子，请问你怎么看你自己？你没有怨恨过吗？”大家的心一紧，这孩子真是太不成熟了，怎么可以当面在大庭广众之下问这个问题？太伤人了，大家都很担心黄美廉会受不了。“我怎么看自己？”美廉用粉笔在黑板上重重地写下这几个字。她写字时用力极猛，有力透纸背的气势。写完这个问题，她停下笔来，歪着头，回头看着发问的同学，然后嫣然一笑，回过头来，在黑板上龙飞凤舞地写了起来：

一、我好可爱！

二、我的腿很长很美！

三、爸爸妈妈这么爱我！

四、上帝这么爱我！

五、我会画画！我会写稿！

六、我有只可爱的猫！

七、还有……

忽然，教室内鸦雀无声，没有人敢讲话。她回过头来看着大家，再回过头去，在黑板上写下了她的结论：“我只看我所有的，不看我所没有的。”

掌声由学生群中响起，美廉倾斜着身子站在台上，满足的笑容从她的嘴角荡漾开来，她的眼睛眯得更小了，有一种永远也不被击败的傲然写在她脸上。

大家不觉两眼湿润起来，看着美廉写在黑板上的结论：“我只看我所有的，不看我所没有的。”每个人都想，这句话将永远鲜活地印在自己的心上。

我们都在追求美，但我们都知道世界上没有十全十美，可我们依然没有停下追求的步伐，完美主义已经深深地渗入了我们的血液。对于自己的缺陷不要耿耿于怀，要敢于直面不完善的自我。

学会容纳自己的不完美，实事求是地看待自己，才能从自身条件的不足和所处的不利环境的局限中解脱出来，去做自己想做的事。

我们这么多年来每天生活在一个美丽的童话王国里，可是我们却看不见生活的美丽，怨天尤人，时常感到失落。要得到快乐，请记住这条规则：“只看我所有的，不看我所没有的。”

已经拥有的东西最珍贵

有时候我们心情沮丧，总是觉得自己拥有的太少。

有一个国王，常为过去的错误而悔恨，为将来的前途而担忧，整日郁郁寡欢，于是他派大臣四处寻找快乐的人，并把这个快乐的人带回王宫。

这位大臣四处寻找了好几年，终于有一天，当他走进一个贫穷的村落时，听到一个快乐的人在放声歌唱。寻着歌声，他找到了正在田间犁地的农夫。

大臣问农夫："你快乐吗？"农夫回答："我没有一天不快乐。"

大臣喜出望外地把自己的使命和意图告诉了农夫。农夫不禁大笑起来，他说道："我曾因为没有鞋子而沮丧，直到我有一天在街上遇到了一个没有脚的人。"

有人为低工资而懊恼、忧郁，猛然发现邻居大嫂已经下岗失业，于是又暗暗庆幸自己还有一份工作可以做，虽然工资低一些，但起码没有下岗失业，心情转眼就好了起来。每个人总是看重自己的痛苦，而常常忽略别人的痛苦。当自己痛苦不堪的时候，要是能够换一个角度来思考，痛苦的程度就会大大减弱。当自己兴高采烈的时候，应多向上比，会越比越进步；当自己苦恼郁闷的时候，应多向下比，会越比越开心。

人生最可怜的事，不是生与死的诀别，而是面对自己所拥有的，却不知道它是多么的珍贵。

网上有这么一幅比较流行的漫画：一个漂亮的女孩子，觉得自己过得很不幸，终于有一天她决定跳楼自杀。身体慢慢往下坠，她看到了十楼以恩爱著称的夫妇正在互殴，她看到了九楼平常坚强的皮特正在偷偷哭泣，八楼的阿妹发现未婚夫跟最好的朋友在床上，七楼的丹丹在吃她的抗忧郁症药，六楼失业的阿喜还是每天买7份报纸找工作，五楼受人尊敬的王老师正在偷穿老婆的内衣，四楼的罗丝又要和男友闹分手，三楼的阿伯每天盼望有人拜访他，二楼的莉莉还在看她那结婚半年就失踪的老公照片。在她跳下之前，她以为她是世上最倒霉的人。而此刻她才知道每个人都有不为人知的困境。她看完他们之后深深地觉得其实自己过得还不错……可是已经晚了。当她掉在楼下的地上时，楼上所有不幸的人同时感慨：原来自己的生活还是美好的，还有人比他们更不幸。

这幅漫画很贴切地展现了我们生活中许多人的想法，我们每每羡慕别人的生活是如何的美好，总觉得自己是最不幸的那一个，而实际上并不是这样的，每个人的生活中总会出现别人所没有的各种各样的困难，就像这个美丽的女子在跳楼时所看到的那样，其实谁都一样，谁都不是生活中的宠儿，只是每个人对待生活的生活态度不同。坚强的人最终尝到了生活的美味，意志薄弱的人最终被生活所淘汰。

不要总把眼光局限在自身的坏牌上，实际上，别人手中的牌也并非都是好牌。这样去想，你才不至于太自卑、太绝望，才能保持必胜的决心，坚强地走下去。

“出丑”是“出众”之母

很多时候，我们都会用这样一句话来鼓励自己：天才是1%的灵感加上99%的汗水。于是，一些人就开始拼命工作，希望能用100%的汗水换来那1%的天分。其实，如果能用汗水弥补的天分，就不是真正的天分了。这个世界上，毕竟只有少数人才能成为天才。所以，我们之中的大多数人都只能在99%里过活，我们的成长总是要伴随着一些无谓的辛苦和无趣的笑话的。

人们都想使自己聪明，都怕在众人面前出丑。这似乎是截然对立的两件事，聪明人绝不会出丑，出丑的人必然是笨蛋。然而，实际生活并非如此。聪明的人有时简直如同一个大傻瓜，他们当众出

丑，却若无其事，他们被人嗤笑却自得其乐；然而，他们就这样走向了成功。罗茜读书时网球打得不好，所以老是害怕打输，不敢与人对垒，至今她的网球技术仍然很蹩脚。罗茜有一个同班同学，她的网球比罗茜打得还差，但她不怕被人打下场，越是输越打，后来成了令人羡慕的网球手，成了大学网球代表队队员。

聪明是令人羡慕的，出丑总使人感到难堪。但是，聪明是在无数次出丑中练就的，不敢出丑，就很难聪明起来。

那些勇敢地去干他们想干的事的人是值得赞赏的，即使有时在众人面前出了丑，他们还是洒脱地说："哦，这没什么！"就是这么一类人，他们还没学会反手球和正手球，就勇敢地走上网球场；他们还没学会基本舞步，就走下舞池寻找舞伴；他们甚至没有学会屈膝或控制滑板，就站上了滑道。

艾米只会说几句法语，她却毅然飞往法国去做一次商业旅行。虽然人们曾告诫她：巴黎人是看不起不会讲法语的人，但她坚持在展览馆、在咖啡店、在爱丽舍宫用法语与每个人交谈。难道她不怕结结巴巴，不怕语塞傻笑、出丑吗？一点也不。因为艾米发现，当法国人对她使用的虚拟语气大为震惊之后，许多人都热情地向她伸出手来，为她的"生活之乐"所感染，从她对生活的努力态度中得到极大的乐趣。他们为艾米喝彩，为所有有勇气做一切事情而不怕出丑的人欢呼。

生活中有些人由于不愿成为初学者，就总是拒绝学习新东西。他们因为害怕"出丑"，宁愿闭塞自己，限制自己的乐趣，禁锢自己的生活。

若要改变自己的生活位置，总要冒出丑的风险。除非你决心在一个地方、一个水平上"钉死"了。不要担心出丑，否则你就会无所作为，而且更重要的是你同样不会心绪平静、生活舒畅。你会受到囿于静止的生活而又时时渴望变化的愿望的痛苦煎熬。我们也许应该记住这一点，由于我们害怕出丑，也许会失去许多机会而感到后悔。我们应该记住法国的一句谚语："一个从不出丑的人并不是一个如他自己想象的聪明人。"

第四章

化解矛盾，一分包容胜过十分责备

因包容而避免冲突

这是一场看似普通又极为特殊的世界职业拳手争霸赛。

正在比赛的是美国两个职业拳手，年长的叫卢卡，30 岁；年轻的叫拉瓦，25 岁。上半场两人打了 6 个回合，实力相当，难分胜负。在下半场第 7 个回合，拉瓦接连击中老将卢卡的头部，打得他鼻青脸肿。

短暂的休息时，拉瓦真诚地向卢卡致歉。他先用自己的毛巾一点点擦去卢卡脸上的血迹，然后把矿泉水洒在他的头上。拉瓦始终是一脸歉意，仿佛这一切都是自己的罪过。接下来两人继续交手。也许是年纪大了，也许是体力不支，卢卡一次又一次地被拉瓦击倒在地。按规则，对手被打倒后，裁判连喊三声，如果三声之后仍然起不来，就算输了。每次都不等裁判将“三”叫出口，拉瓦就上前把卢卡拉起来。卢卡被扶起后，他们微笑着击掌，然后继续交战。

这样的举动在拳击场上极为少见。

最终，卢卡负于拉瓦，观众潮水般涌向拉瓦，向他献花、致敬、赠送礼物。拉瓦拨开人群，径直走向被冷落一旁的老将卢卡，将最大的一束鲜花送进他的怀抱。

两人紧紧地拥在一起，相互亲吻对方被击伤的部位，俨然是一对亲兄弟。卢卡真诚地向拉瓦祝贺，一脸由衷的笑容。他握住拉瓦的手高高举过头顶，向全场的观众致敬。观众更加沸腾了，为这一对相拥在一起的对手欢呼。

真正智慧的人总会包容一切，从而使冲突消弭于无形。包容是

一种美德。能够宽容别人的人，可以和各种人和睦相处，同时也可以反映出自身的人格修养和广阔胸襟。客观地看待自己和他人，同时保持一种谦逊和宽容的精神，是最有利于个人成长的做法。

“原谅别人，才能释放自己。”借着宽恕，你释放了牢里的犯人，而那个犯人，可能就是你自己。

有一次，公司老总派查尔斯去国外洽谈一个重要的合作项目，并对他说：“你要用人，公司职员随便你挑……”

查尔斯说：“那我就点名要杰克。”这个请求倒是把老总弄糊涂了。杰克的狡猾和贪婪大家有目共睹，坏毛病一大堆，为什么查尔斯要选他呢?

查尔斯对迷惑不解的老总说：“我在外需要公司内部给我提供大量信息和全力支持，本来杰克就参与了这次谈判，不让他去，难保他不眼红。如果他暗中作梗，岂不坏了大事？但是我与他一起合作，分他点功名，他也就不会再为难我。为人为己，我认为这是最好的选择。”老总听后，明白了查尔斯的深远用意，连称高明。

我们在生活中有很多事应当忍则忍，能让则让。忍让和宽容不是懦弱和怕事，而是关怀和体谅，以己度人，推己及人，我们就能与别人和睦相处，甚至化敌为友。用和平的方式处理生活中的冲突与愤怒，是迎战那些终日想要给你使绊儿的人所能采用的最上策，而且，它往往能让你得到更多回报。

与他人争执时，懂得后退一步

生活中，当我们与他人发生争执时，要懂得后退一步。所谓“退一步海阔天空”，不无道理。

明朝冯梦龙在《广笑府》中记载了这样一则故事：

从前，有父子二人，性格都非常倔强，生活中从来不对人低头，也不让人，且不后退半步。一日，家中来了客人，父亲命儿子去市场买肉。儿子拿着钱在屠夫处买了几斤上好的肉，用绳子串着转身回家，来到城门时，迎面碰上一个人，双方都寸步不让，也坚决不避开，于是，面对面地挺立在那儿，相持了很久很久。

日已正中，家中还在等肉下锅待客，做父亲的不由得焦急起来，便出门去寻找买肉未归的儿子。刚到城门处，看见儿子还僵立在那儿，半点也没有让人的意思。父亲心下大喜：这真是我的好儿子，性格刚直如此；又大怒：你算老几，竟敢在我父子面前如此放肆。他蹿步上前，大声说道："好儿子，你先将肉送回去，陪客人吃饭，让我站在这儿与他比一比，看谁撑得过谁？"

话音刚落，父亲与儿子交换了一个位置，儿子回家去烹肉煮酒待客；父亲则站在那个人的对面，如怒目金刚般挺立不动。惹得众多的围观者大笑不止。

故事很可笑，它告诉我们：懂得退步，才会有更大的收获。

就因为在一些小事上发生了争执，两位大作家——列夫·托尔斯泰和屠格涅夫的友情曾中断了17年。

1878年，托尔斯泰在经历了长期的内疚和不安后，主动写信给屠格涅夫表示道歉。他写道："近日想起我同您的关系，我又惊又喜。我对您没有任何敌意，谢谢上帝，但愿您也是这样。我知道您是善良的，请您原谅我的一切！"

屠格涅夫立即回信说："收到您的信，我深受感动。我对您没有任何敌对情感，假如说过去有过，那么早已消除——只剩下了对

您的怀念。”

一场积聚多年的冰雪终于化解了。不过，此后不久，另一件事又差点使他们的关系再次陷入危机。幸运的是，吃一堑长一智，他们这次都知道如何避开了。

这一年，在托尔斯泰的盛情邀请下，屠格涅夫到勃纳庄园做客。有一天，托尔斯泰请客人一起去打猎。屠格涅夫瞄准一只山鸡，“砰”地开了一枪。

“打死了吗？”托尔斯泰在原地喊道。

“打中了！您快让猎狗去捡。”屠格涅夫高兴地回答。

猎狗跑过去之后很快便回来了，但却一无所获。“说不定只是受了伤。”托尔斯泰说，“猎狗不可能找不到。”

“不对！我看得清清楚楚，‘啪’的一声掉下去，肯定死了。”屠格涅夫坚持说。

他们虽然没有吵架，但山鸡失踪无疑给两个人带来了不快之感，仿佛二人之中有一个说了假话。可是，这一次他们都意识到不应再争执下去，便把话题转向别处，尽量在愉快的消遣中打发时光。

当天晚上，托尔斯泰悄悄地吩咐儿子再去仔细搜索。事情终于弄清楚了：山鸡的确被屠格涅夫一枪打中了，不过正好卡在了一枝树杈上面。

当孩子把猎物带回来时，两位老朋友简直开心得像孩童一般，相视大笑。

可见，人与人出现矛盾时，正确的做法应是“求大同，存小异”“大事化小，小事化了”，以互谅互让的态度而不是用争辩的方法去处理。

有争执时，让步是一种修养，让步是一种虚拟的退却。

社会中，人与人之间应相互理解、相互尊重，尤其是在与人讨论、交谈时，对于别人的见解，我们不应轻易否定，即使其见解与你相左。如果能够做到理解别人、体贴别人，那么就能少一分盲目。

要善于发现别人见解的正确性，只有这样，才能多角度地看问题，就会发现固守自己的思维定式，有时显得多么的无知和可笑。因此，无论何时都要注意，别听到不同的观点就怒不可遏。通过细心观察，你会发觉，也许错误在你这一边，你的观点不一定都与事实相符。

在人际交往中，让步是一种常用的处理问题的方式，它不是懦弱、失去人格的表现，而是一种修养。

让步其实只是暂时的、虚拟的退却，进一尺，有时就必须先做出退一寸的忍让。

主动让“道”是一种宽容，是在人际交往中有较强的相容度。相容就是宽厚、容忍、心胸宽广、忍耐性强。

想避免出现僵局，一种有效的办法是说句“我们两人都是对的”，然后再转向比较安全的话题。

不管什么情况，无谓的争执就是浪费时间。只要能避免徒劳无功的争执，人人都是赢家。

以高姿态化解对方的挑衅

历史上有这样一则故事：

王曾到大名府代替陈尧咨的官职。在开始自己的工作之后，王曾看见官府中有毁坏、倒塌了的房屋，就进行修葺，并不作任何改

动；有损坏了或丢失了的器物，就修补或补充得一件不少；原来的政令有不妥的地方，就尽量弥补错漏，掩盖陈尧咨以前做得不对的地方。及至他转任洛阳太守时，陈尧咨重新回到大名府任职，看到王曾所做的一切，不无感慨地说："王公适合担任宰相，我的度量远远赶不上他呀！"陈尧咨以为过去他们曾经有隔阂，王曾一定会将他的过失公开出来。

王曾拥有宰相的度量，他不计较以往与陈尧咨之间的矛盾，在接替陈尧咨的职务时，他真心实意地完善陈尧咨以往的工作，并且最终用他的真诚感动了陈尧咨。

海纳百川，有容乃大。每条河流在入海的时候泥沙俱下，如果大海很较真，只想要清清的河水却不想要泥沙，那么大海恐怕早已经干涸了。

每个人都处于社会中，都免不了要与他人打交道。有时难免会面对别人的为难与挑衅，冷静分析、保持风度不失为一种良方。

皮特先生是一家啤酒厂的经营者。有一家公司的采购员罗伯特欠皮特先生 2000 美元啤酒款长期未付。

一次，罗伯特来到啤酒销售部，对皮特先生大发脾气，抱怨他出售的啤酒质量越来越差，并说市场上骂声一片，人们不会再买他们的啤酒；最后竟说自己欠的那 2000 美元钱也不付了，原因是皮特先生出售的啤酒质量一直不怎么样，并表示他所在的公司及他本人不再购买皮特先生的啤酒等。

皮特先生听后压住火气，又仔细询问罗伯特一些情况，然后，皮特出人意料地向罗伯特赔起不是来，声称啤酒质量确有不尽如人意之处，最后说："你的意见，我会尽快向厂部反映的。至于你欠的那 2000 美元啤酒钱，你要是不付，也就算了，谁让我的啤酒一

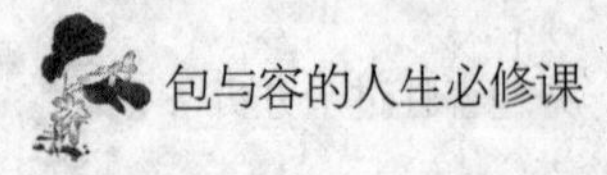

直不争气呢！你说今后你们公司和你本人不再买我的啤酒，这是你们的自由，随你们的便。你说我的啤酒质量有问题，我现在就给你介绍另外两家有名的啤酒厂……”

皮特先生这一番话里有话的艺术性表述，确实出乎罗伯特所料。欠账还钱，这是不成文的一种自然法规。罗伯特为了不想还所欠的2000美元，以啤酒质量不好为借口试图堵皮特先生的嘴。然而，皮特先生没有单刀直入地正面反驳罗伯特，却用了巧妙的迂回战术，假装虚心承认并接受罗伯特的意见，待罗伯特发泄完后，即刻展开攻势，用诚挚的话语，向对方说明啤酒厂的现状及未来的发展前景等。

罗伯特最后被皮特先生的诚意和坦率征服了，不但继续到该啤酒厂为其所在的公司购买啤酒，而且还动员了另外几家公司，常年向该啤酒厂购买啤酒。

皮特大度能容刁钻客户，诚意和坦率打动了罗伯特先生，罗伯特还为他带来了新的客户。古人云：“小不忍则乱大谋。”世上不平之事，比比皆是，若是事事计较、丝毫不让，只会让我们生活得很不愉快。

低姿态消融他人嫉妒的壁垒

拿破仑曾经说：“有才能往往比没有才能更有危险；人们不可能避免遇到轻蔑，却更难不变成嫉妒的对象。”真正聪明的人懂得以低姿态为自己筑起一道防止嫉妒的有效堤坝，不会让自己惹火上身。

古人云：“木秀于林，风必摧之。”就一般中国人而言，总是

愿意大家彼此差不多。在日常工作中，因为有特殊才能或特殊贡献而冒尖的人，往往容易成为众人打击的对象。由于嫉妒心重还可能暗地里给你使绊子，让你生活在一种无形的压力之下，时时处处都有障碍，让你人做不好，事干不成。莎士比亚曾经说过："妒妇的长舌比疯狗的牙齿更毒。"如果我们不能有效化解别人对自己的嫉妒，很可能会在不知不觉中失去本该属于自己的天空，所以，必要的时候低一下头，给别人的嫉妒心留出点空间，是你不得不做出的让步。

当你一旦发现别人对你有嫉妒心理时，你可以采取以下几种方法化解。

第一，向对方表露自己的不幸或难言之痛。当一个人获得成功的时候，有人可能会因此感到自己是个失败者。这构成了嫉妒心理产生的基本条件。此时，你若向嫉妒者吐露自己往昔的不幸或目前的窘境，就会缩小双方的差距，并且让对方的注意力从嫉妒中转移出来。同时会使对方感受到你的谦虚，减弱了对方因你的成功而产生的恐惧，从而使其心理渐趋平衡。

第二，求助于嫉妒者。一方面，在那些与自己并无重大利害关系的事情上故意退让或认输，以此显示自己也有无能之处。另一方面，在对方擅长的事情上求助于他（她），以此提高对方的自信心和成就感，并让对方感到你的成功对他（她）并不是一种威胁。

第三，赞扬嫉妒者身上的优点。你的成功使嫉妒者身上的优点和长处黯然失色，于是一种自卑感在其内心油然而生，以至于自惭形秽。这是嫉妒心理产生并且恶性发展的又一条件。因此，你适时适度地赞扬嫉妒者身上的优点，就容易使他（她）产生心理上的平衡。当然对嫉妒者的赞扬必须实事求是，态度要真诚。否则他（她）会觉得你在幸灾乐祸地挖苦自己，结果不但达不到消除其对自己嫉妒的目的，还可能挑起新的战火。

第四，主动出击相互接近法。嫉妒常常产生于相互缺乏帮助、彼此又缺少较深感情的人中间。大凡嫉妒心强的人，社交范围很小，视野不开阔。只有投入到人际关系的海洋里，才能钝化自私、狭隘的嫉妒心理，才会增加容纳他人、理解他人的能力。因此，相互主动接近，多加帮助和协作，增进双方的感情，就会逐渐消除嫉妒。傲慢不逊的大人物是最令人嫉妒的，试想如果一个大人物能利用自己的优越地位来维护他的下属的正当利益，那么他就能筑起一道防止嫉妒的有效堤坝。

第五，让嫉妒者与你分享欢乐。在取得成功和获得荣誉的时候，不要居功自傲，自以为是。真诚地邀请大家（其中包括嫉妒你的人）一起来分享你的欢乐和荣誉，这样有助于消除彼此关系的紧张空气。当然，如果嫉妒者拒绝你的善意，则不必勉强于他（她），顺其自然。

总之，“退一步海阔天空”，以低姿态化解别人对你的嫉妒，不仅是一种灵活，更是一种内涵和宽容，它可以消融人与人之间的壁垒，让你的成就在嫉妒的布景中得到映衬。能引起别人的嫉妒，说明了你有才华；能有效地化解这种嫉妒，则说明了你拥有聪明和美德。

不咎既往，冰释前嫌

面对前嫌，我们可以选择两种处理方式：一种冰释前嫌，重归于好；一种是耿耿于怀，势不两立。很显然，前者是值得称道的，是我们需要学习的。

1902 年，刚满 8 岁的梅兰芳，经人介绍拜见一位姓朱的京剧前

辈，想投其门下从师学戏。朱先生看他目光有些灰暗，缺乏光泽，便有点失望，但碍于介绍人的面子又不好推卸，于是勉强收了下来。第二天，朱先生做了几个舞台眼神示范动作让梅兰芳跟着学，朱见梅呆板迟钝，毫无灵气，便断定这是一对“死鱼眼”不可救药。接着又以昆曲开蒙戏《思凡》教其演唱，前两句是“昔日有个目连僧，救母亲临地狱门”。就这两句并不很难的唱词，朱先生教了十几遍，他唱得依然还是荒腔走调，极不入耳。最后，朱先生一气之下把他臭骂了一顿让其回家，并断言“祖师爷没有赏给你饭碗，这辈子你没缘分吃这碗饭”。

回家以后，梅兰芳又经人介绍拜在一位姓乔的先生门下，继续学戏，在乔师傅的指导下他勤学苦练，发奋图强，每天对着陶瓷坛子的坛口喊嗓子，望着放飞的飞鸽练眼神儿，看着古画学身段儿，面向墙壁念口白，通过日复一日年复一年的苦练，终于艺臻稔精，11 岁登台一鸣惊人，20 岁挑班誉满京都。

一天，当初教他的那位姓朱的老师也来看他的戏，看毕大吃一惊，愧悔交集地来到后台向梅道歉，说自己是“有眼不识金镶玉”，求他谅解。梅兰芳当即跪倒在地上说：“师傅，您可千万不能这么说，要不是当初您骂我一顿，说不定我还不会有今天哩！”接着问清楚朱先生当时的住址，第二天便拿着礼品登门看望。往后多少年来，一直不断去向这位朱先生问业求教，并在生活上、经济上给朱先生多方照应和孝敬。直到这位老先生去世为止。有人不解地问梅先生：当初最看不起您的就是这位老师，如今何必如此孝敬于他？梅先生却说，对师傅应该不计前嫌，应该以礼相待，哪怕是教过自己一天，也应该是“一日为师，毕生为尊”。

这样的事例虽属偶然，但是我们却可以从中看出，不计前嫌是一种很高的思想境界，是一种处理彼此积怨的好方法。不论在同事之间，还是在家人亲友之间，摒弃前嫌，化解已有的矛盾，恢复和谐的人际关系，你就能在生活中感觉到更多的快乐。

魁先生与格先生在大学读书时是同学，曾为一个女生，魁先生动手打过格先生一顿！毕业后，魁先生求职，鬼使神差地求到格先生所在的公司，而且格先生就是负责人事的部门经理！魁先生一看到格先生，扭头要走，没想到格先生笑着站起来叫住魁先生，诚恳地问魁先生是不是来应聘的？魁先生说：

“当格先生如此问我时，我似是而非地点了点头，格先生就高兴万分地拥着我，并说能与我一起共事，十分荣幸，而且，中午还主动请我吃饭。在饭桌上，我问格先生是否记得我曾打过他的事，如果记得，当着那些求职应聘者的面损我一回，且不是可以出气？格先生却说，只有在学生时代，才可能出现为一个女生而打架的事，还说，走出学校后，他就把此事给淡忘了，就算没忘干净，也没必要再提起它……在格先生的力荐下，进公司不久，我就升为总裁助理！在格先生看来，我的综合能力要在他之上，其实，我心里清楚，做人的能力，我却远在格先生之下……在一个公司工作，又得到了格先生不计前嫌的帮助，想不把他当成知心的朋友，都不可能了……”

魁先生的经历，对我们所有人都应该有所启迪。

一般人和别人有嫌怨，尤其是受了伤害，本能的反应就是报复。然而，报复虽能发泄怒气，减轻心中的负荷而痛快一时，但永远不能平息伤痛，甚至会激化矛盾，步入“冤冤相报”的恶性循环中。要解决这类问题，只有一条路——宽恕。宽恕能使你“大肚能容天下难容之事”，不过分地计较个人的恩怨得失，从而把自己塑造得更加完美。

《宋朝事实类苑·祖宗圣训二》中曰：“以大度包容，则万事兼济。”现实生活中，包容之心存之，方显得自我的大度之气，大度之气存之，人为我友者，就会是真心诚意。

用爱消除隔阂

生活中，我们绝大多数人都是凡人，所以，我们的父母也大多是普通人，既然是普通人，在教育我们的过程中，就会出现这样或是那样的错误，面对父母犯下的无心之错，我们是耿耿于怀，还是去理解，原谅呢？显然，后者是我们应该作出的选择。

亨德尔从小就显露出音乐方面的天才。但他的父亲却希望他长大以后从事法律职业，而从来就不认为搞音乐也是一门职业。他禁止亨德尔接触一切乐器。为了达到目的，他甚至不把亨德尔送到公立学校就读，因为怕他在那里学到音乐。

但是，亨德尔对音乐的热爱和痴迷是任何人都阻挡不了的。他想办法搞到了一把小提琴，并把它藏到家里的顶楼上，每天深夜，当家人熟睡之后，他就蹑手蹑脚地溜出去练习小提琴。有一天晚上，还是被父亲发现了。父亲见他不听自己的话，不由怒火中烧，他一把抢过小提琴，狠狠地摔在地上，小提琴被摔成两截。看着怒不可遏的父亲，亨德尔的心都碎了，他想不到父亲竟会如此粗暴和蛮横。父亲明确而又严厉地告诉他，以后绝对不允许再接触音乐，否则绝对不客气。亨德尔默不做声，但他心里暗下决心，决不放弃音乐。

从此以后，亨德尔对音乐更加痴迷了，简直是达到了无以复加的地步。他在母亲偷偷的资助下，又买了一把小提琴，不分白天和黑夜，全身心地投入到音乐之中。父亲见此，更加生气，向亨德尔下了最后通牒：如果坚持练琴学音乐，他就不再承认他这个儿子，并把他轰出家门。亨德尔毫不让步，决心搞音乐，毅然离家了。离家意味着从此失去经济来源，居无定所，食无所着，到处流浪。

亨德尔来到举目无亲的维也纳，一个好心的酒店老板收留了他，让他白天帮助干活，晚上为客人拉小提琴。亨德尔白天拼命地干活，晚上为客人演奏。客人散了以后，他就一头扎进自己的音乐世界。趴在昏暗的灯光下，年仅18岁的亨德尔创作了《伊多门里奥》《费加罗》《堂吉万尼》《安魂曲》这些流芳百世的小提琴曲。

一次，有一位客人慧眼识真才，他看出亨德尔是一位音乐奇才，于是就邀请亨德尔上他家，专门为他的孩子教授小提琴，同时也为亨德尔提高技术创造了良好的条件。由于处在音乐的良好环境里，亨德尔如鱼得水，很快把音乐方面的天才发挥得淋漓尽致。沙克斯伯爵把他介绍给了著名音乐家列奥达多。列奥达多听完他的小提琴演奏以后兴奋不已，热心指导。在列奥达多的努力下，维也纳国家剧院终于同意破例给他举办一场个人小提琴演奏会。亨德尔不负众望，个人演奏会取得了意想不到的成功。

在开演奏会之前，他特地写信邀请了父亲，他觉得应该让父亲知道自己在音乐方面的天才，证明自己当年的选择是对的。此时，父亲正为自己当年的鲁莽而内疚，但是他抛不开面子，始终没有向儿子道歉。现在，儿子邀请他去参加自己的个人专场演奏会，这是多么好的一次机会呀。一接到儿子的来信，他马上就动身赶到维也纳来了。

亨德尔下来了，他手里握着鲜花，那是观众对他的致意。亨德尔面带微笑，走向父亲，父亲简直有点不知所措了，认为自己马上就要为当年的错误付出点什么代价了，要被儿子嘲弄一番了。谁知，亨德尔一走到他面前，就向他鞠躬，他要感谢父亲，说是父亲给了

他这颗装满智慧和灵感的大脑，是父亲给了他这么灵巧的一双手，他要永远感谢父亲。此时父亲激动和羞愧交织在一起，不知道说什么好。但他很清楚，儿子早已原谅了他，儿子有一颗宽容的心，正是这颗宽容的心才能演奏出这么美妙的音乐。

后来，有人问亨德尔："你父亲当年对你那么无情，不让你拉小提琴，把你撵出家门，你为何还对他那么好呢？"亨德尔笑着回答："我要感谢父亲，要不是他，哪有我的今天？是父亲当年的严厉刺激了我，它鼓励我发奋。父亲当年确实有他的不足之处，但我要原谅他，上帝让每个人都有一颗宽容的心。我也一样。"

成名后的亨德尔没有不理睬父亲，他用爱包容了父亲的过错，他邀请父亲来参加自己的音乐会，让父亲和自己一起享受荣耀。可以说，亨德尔是用实际行动来表达了对父亲的宽容。

学会宽容不仅有益于身心健康，而且对赢得友谊，保持家庭和睦、婚姻美满，乃至事业的成功都是必要的。因此，在日常生活中，无论对子女、对配偶、对老人、对学生、对领导、对同事、对顾客、对病人……都要有一颗宽容的爱心。宽容，它往往折射出待人的艺术和良好的涵养。

当你学会用爱去包容一切时，你就接近完美了。

以包容之心接受建议

金无足赤，人无完人。孔子说："三人行，必有我师。"我们应该善待他人的批评、忠告，因为剔除少数无用的、恶意的之后，大部分意见常常比我们对自己的看法中肯得多。一味地掩饰、为自己辩护，是不足取的。

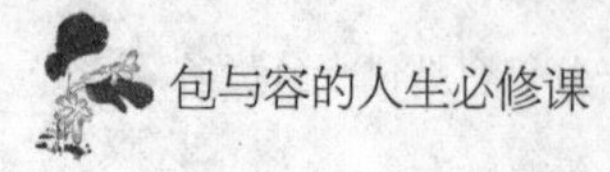

20世纪80年代初，美国戏剧家阿瑟·米勒曾经到当时已年逾古稀的戏剧大家曹禺先生家做客。午饭前的休息时分，曹禺突然从书架上拿来一本装帧讲究的册子，上面裱着画家黄永玉写给他的一封信，曹禺逐字逐句地把它念给阿瑟·米勒和在场的朋友们听。这是一封措辞严厉且不讲情面的信，信中这样写道：“我不喜欢你解放后的戏，一个也不喜欢。你的心不在戏剧里，你失去伟大的灵通宝玉，命题不巩固、不缜密，演绎分析也不够透彻，过去数不尽的精妙休止符、节拍、冷热快慢的安排，那一箩一筐的隽语都消失了……”

这信对曹禺的批评，用字不多却相当激烈。然而曹禺念着信的时候神情激动，仿佛这信是对他的褒奖和鼓励。

当时，阿瑟·米勒对曹禺的行为感到茫然，其实这正是曹禺的清醒和真诚。尽管他已经是功成名就的戏剧大家，可他并没有像旁人一样过分爱惜自己的荣誉和名声。在这种“不可理喻”的举动中，透露出曹禺已经把这种羞辱演绎成了对艺术缺陷的真切悔悟，那些话对他而言已经是一笔鞭策自己的珍贵馈赠，所以他要当众感谢这一次羞辱。

忠言逆耳利于行。对于别人的意见，心胸狭隘的人可能会把它看成是包袱，而心胸宽广的人则把它看做是提高和充实自己的机会。

对于批评，我们还应该有的是一份冷静、一份坦然。

罗伯·赫金斯是个半工半读的大学毕业生，做过作家、伐木工人、家庭老师和卖成衣的售货员。现在，他已被任命为美国著名大学——芝加哥大学的校长。

在他成功以后，一些批评也接踵而至，许多人反对他当校长，并举出理由说：他太年轻了，经验不足，教育观念不成熟，学历不

够高……

罗伯·赫金斯和他的家人对这样的批评并不在意，反而更加自信、快乐起来。就在罗伯·赫金斯就任的那一天，有一个朋友对他的父亲说："今天早上我看见报上的社论攻击你的儿子，真把我吓坏了。"

赫金斯父亲的回答似乎更为坦然一些，他说："不错，话是说得很凶。可是请记住，从来没有人会踢一只死了的狗。"

可见，拥有自信、达观，你才不会被指责、批评击倒。

生活中，我们面对批评时，可以按下面的原则去处理：

（1）不要跟一个感情冲动的批评者争论，不要去指责对方言语中的失误或失实。因为有时对方前来，只不过是要发泄一下不满情绪，此时你若与之相争，则会使问题变得更糟。

（2）尽量使来者坐下面谈，这样可以大大缓和紧张空气。给对方沏杯茶会更加减少其单纯的不满情绪，也使自己免受刺激。

（3）别表现出强烈的厌烦，更不要愤然拒绝批评而离去，这会显得你没有肚量，即使是"过分"的指责，你也应耐着性子听。

（4）无论如何别打断对方的讲话，相反要鼓励对方把话说完，这可以更有效地使对方变得平静，而你也可以心平气和。

（5）绝不要在未听完对方的指责之前就表态。面对情绪激动的来者一再表示道歉，常可使对方反而语塞。

（6）换一句话把对方的意见说出来，表示你不仅认真听了他的指责，而且态度诚恳。如此则不论你是否准备接受对方的批评，都会使之感到满意。

把心放宽，学会克制

人生活在社会之中，每天都要与不同的人打交道，由于立场不同，个性相异，因此不可避免地会发生分歧、冲突。这些矛盾使人与人之间存在许多不稳定因素，甚至会产生危机，如果调节得不好，对自己和他人都有可能带来损害。

在一个学校的教室里，两个小男生像两只好斗的公鸡，一个揪住对方衣领，一个拽着对方的衣襟，老师的出现，并没有使他们产生松手的念头，有人警告："老师来了，还不放手？"可是局面还是僵持着，但已不再扭打，不再辱骂，渐渐地放下了手，各自走回自己位置，"战争"在无声无息中结束了。下课铃响了，出于意料的是，"两只公鸡"双双来到办公室，老师以为又出了什么事。

"老师，我错了，我错在得理不饶人，还得寸进尺。"一个学生说。

"老师，我也错了，我不该为一点鸡毛蒜皮的小事惹是非。"另外一个学生说。

"怎么会这么快就想通了？"老师问。

"静下来一下，真不该动手，你经常教育我们，要我们宽恕别人，要不我们也得不到宽恕。我想到这句话就知道错了。"两位学生解释道。

"好了，事情的起因、经过、结果，一切都不再追究，当做一种教训吧。来，化干戈为玉帛，握手言欢。"老师高兴地说。

两个学生的手握在一起，还用力顿了两顿。一场矛盾就这样化解了。

生活中，我们常见到有的人因不能克制自己，而引发争吵、骂

人、打架，甚至流血冲突的情况。有时仅仅是因为在公交车上被别人踩了一脚，或一句话说得不当，这些都可能成为引爆一场口舌大战或拳脚演练的导火索。在社会治安案件中，相当多的案件都是由于当事人不能冷静地处理小事情而引发的。

阿兰·马尔蒂是法国西南小城塔布的一名警察，这天晚上他身着便装来到市中心的一间烟草店门前。他准备到店里买包香烟。这时店门外一个叫埃里克的流浪汉向他讨烟抽。马尔蒂说他正要去买烟。埃里克认为马尔蒂买了烟后会给他一支。

当马尔蒂出来时，喝了不少酒的流浪汉缠着他索要烟。马尔蒂不给，于是两人发生了口角。随着互相谩骂和嘲讽的升级，两人情绪逐渐激动。马尔蒂掏出了警官证和手铐，说："如果你不放老实点，我就给你一些颜色看。"埃里克反唇相讥："你这个混蛋警察，看你能把我怎么样？"在言语的刺激下，二人扭打成一团。旁边的人赶紧将两人分开，劝他们不要为一支香烟而发那么大火。

被劝开后的流浪汉骂骂咧咧地向附近一条小路走去，他边走边喊："臭警察，有本事你来抓我呀！"失去理智、愤怒不已的马尔蒂拔出枪，冲过去，朝埃里克连开四枪，埃里克倒在了血泊中……法庭以"故意杀人罪"对马尔蒂作出判决，他将服刑 30 年。

一个人死了，一个人坐了牢，起因是一支香烟，罪魁祸首是失控的激动情绪。

每个人的情绪都会时好时坏。实际上没有任何东西比情绪——也就是我们心里的感觉，更能影响我们的生活了。因此，学会控制情绪是我们成功和快乐的要诀。

没有自制，就没有幸福。心情愉快了，人们就感觉到了幸福。心情不愉快，人就没有幸福的感觉。说到底，幸福是人的一种内心的感觉，而这个感觉在很大程度上取决于克制。

克制，是调解人际关系的一剂良药，它既是消解剂，又是润滑剂。克制自我意识，不要再认为自己是最重要的，自己做的什么都绝对正确，才可以真心去体谅、宽恕、关心和爱别人。

你对待别人的态度，决定了他人对你的态度

人与人的关系常常是微妙的。有时候，你对一个人不满，或者存在一种厌烦的心理，但是你并不希望他能够感受到你对他的不满或者厌烦，还希望他能够在不发现的前提下能够把你当成朋友。事实上，这种情况几乎都是不存在的。我们常说，人与人之间的关系是相互的，你不喜欢别人，往往他也正烦着你呢。你很希望与一个人成为朋友，也许他同样受着你的吸引。

这样说来，在处理人际关系中，我们就没有权利去抱怨那些对待自己不友善的人了。在舞会上，如果我们受到了别人的冷落，就应该想一想，自己是不是也同样没有将目光投放在别人的身上，却还过多的希望得到别人的关注？在生病的时候，身边没有人对自己表示关怀，是不是我们也在别人生病的时候表现出了冷漠，伤害了别人渴望友情的心……

一位老人，每天都要坐在路边的椅子上，向开车经过镇上的人打招呼。有一天，他的孙女在他身旁，陪他聊天。这时有一位游客模样的陌生人在路边四处打听，看样子想找个地方住下来。

陌生人从老人身边走过，问道："请问，住在这座城镇还不错吧？"

老人慢慢转过来回答："你原来住的城镇怎么样？"

游客说：“在我原来住的地方，人人都很喜欢批评别人。邻居之间常说闲话，总之那地方很不好住。我真高兴能够离开，那不是个令人愉快的地方。”

摇椅上的老人对陌生人说：“其实这里也差不多。”

过了一会儿，一辆载着一家人的大车在老人旁边的加油站停下来。车子慢慢开进加油站，停在老先生和他孙女坐的地方。

这时，父亲从车上走下来，向老人说道：“住在这市镇不错吧？”老人没有回答，问道：“你原来住的地方怎样？”父亲看着老人说：“我原来住的城镇每个人都很亲切，人人都愿帮助邻居。无论去哪里，总会有人跟你打招呼，说谢谢，我真舍不得离开。”老人看着这位父亲，脸上露出和蔼的微笑：“其实这里也差不多。”

车子开动了。那位父亲向老人说了声谢谢，驱车离开。等到那一家人走远，孙女抬头问老人：“爷爷，为什么你告诉第一个人这里很可怕，却告诉第二个人这里很好呢？”老人慈祥地看着孙女说：“不管你搬到哪里，你都会带着自己的态度。任何地方可怕或可爱，全在于你自己！”

我们之中总有那么一些人，常常以自我为中心，只看到别人是怎么对待他的，却从来不去想自己是怎么对待别人的。有什么事情求朋友，从来都不会想别人是否有空，是否有更重要的事情去做，或者朋友已经很累了，拖延了他的请求，他也觉得自己受到了伤害，是朋友们没有为自己着想。我们每个人都有自己的生活圈子，朋友也有自己的生活。没有人是单单为了某一个人而存在的。当我们感受到了朋友的冷落的时候，不要总是想着责怪，而是要从自身开始检讨，看看自己是否做了过分的事情。因为你如何对待别人，别人也往往怎样对你。

维护友情，需要的是相互理解、相互体谅的心。如果一直都从私利出发去要求别人，那么无疑你会招致别人的反感。在生活中，我们也常常会听说“什么样的人会教什么样的朋友”“不是一家人不进一家门”之类的话，其实就是将人以群分，这告诉我们，你怎样经营你对别人的感情，别人也会以同样的方式来对待你。

第五章

合作共事，包容大度方能成就大业

人与人，在互惠中成长

人生就像是战场，人与人之间有时候难免要处于互相对立的位置，但是人生毕竟不是战场。战场上敌对双方中的一方不消灭对方就会被对方消灭，生活却不必如此，不用争个鱼死网破，两败俱伤。

运动场上非赢即输的角逐、学习成绩的分布曲线向我们灌输非此即彼的思维方式，于是我们常常通过输赢的“有色眼镜”看人生。倘若不能唤醒内在的知觉，只为了争一口气而奋斗，人与人一辈子都只会拼个你死我活。从来不去用互惠双赢的思维解决问题，无论是对个人还是对整体，这将是多么大的损失。

互惠互利的思维鼓励我们在解决问题时，要共同探讨，以便能够找到切实可行并令所有人受惠的方法。现在已经不是一个“天下唯我独尊”的时代，人们更倾向于达到一种共荣共赢的状态。有这样一个故事，真假且不去分析，从中你可以更深刻地明白何谓共赢。

在美国的一个小村子里，住着一个老头，他有三个儿子。大儿子、二儿子都在城里工作，小儿子和他在一起，父子相依为命。

突然有一天，一个人找到老头，对他说：“尊敬的老人，我想把你的小儿子带到城里去工作。”老头气愤地说：“不行，绝对不行，你滚出去吧！”这个人说：“如果我给你儿子找的对象，也就是你未来的儿媳妇是洛克菲勒的女儿呢？”老头想了想，终于，让儿子当上洛克菲勒女婿这件事打动了他。过了几天，这个人找到洛克菲勒，对他说：“尊敬的洛克菲勒先生，我想给你的女儿找个对象。”洛克菲勒说：“快滚出去吧！”这个人又说：“如果我给你女儿找

的对象，也就是你未来的女婿是世界银行的副总裁，可以吗？”洛克菲勒同意了。

又过了几天，这个人找到了世界银行总裁，对他说：“尊敬的总裁先生，你应该马上任命一个副总裁！”总裁先生说：“不可能，这里这么多副总裁，我为什么还要任命一个副总裁呢，而且还必须是马上？”这个人说：“如果你任命的这个副总裁是洛克菲勒的女婿，可以吗？”结果自然可知，总裁先生同意了。

人与人，在互惠中寻求共赢。共赢思维是一种基于互敬、寻求互惠的思考框架与心意，目的是获得更多的机会、财富及资源，而非敌对式竞争，既非损人利己，亦非损己利人。

所以，大家好才是真的好，大家赢才是真的赢。人与人相处，应该像离开水的螃蟹，螃蟹在陆地上也可以生存，不过离开水的时间不能太久，所以它们需要不停地吐泡沫来弄湿自己和伙伴。一只螃蟹吐的沫是不大可能把自己完全包裹起来的，但几只螃蟹一起吐泡沫连接起来就形成了一个大的泡沫团，它们也就营造了一个能够容纳自己的富含水分的生存空间，彼此都争取到了生存的机会。

告别“独行侠”时代，你才可以“笑傲江湖”

工作中，有人自视甚高，以为做事“舍我其谁”。他们喜欢单干，如高傲的“独行侠”一般，以自我为中心，极少与同事沟通交流，更不会承认团队对自己的帮助。

有人也许会有疑问：有些天才就是特立独行的，他们也取得了巨大的成就，伟大的成就有时候就是需要别具一格啊！是的，在一些领域里，具有非凡天赋和付出超人努力的人会取得巨大的成就，比如凡·高和爱因斯坦。但是再有才华的人取得的成就也是以前人的成就为基础的，而且在企业里，这样的人是不可能取得长期成功的，苹果电脑的创始人之一史蒂夫·乔布斯正是其中的代表人物。

美国航天工业巨头休斯公司的副总裁艾登·科林斯曾经评价乔布斯说："我们就像小杂货店的店主，一年到头拼命干，才攒那么一点财富，而他几乎在一夜之间就赶上了。"乔布斯22岁开始创业，从赤手空拳打天下，到拥有2亿多美元的财富，他仅仅用了4年时间。不能不说乔布斯是有创业天赋的人，然而乔布斯因为独来独往，拒绝与人团结合作而吃尽了苦头。

他骄傲、粗暴，瞧不起手下的员工，像一个国王高高在上，他手下的员工都像躲避瘟疫一样躲避他，很多员工都不敢和他同乘一部电梯，因为他们害怕还没有出电梯之前就已经被乔布斯炒鱿鱼了。

就连他亲自聘请的高级主管——优秀的经理人、前百事可乐公司饮料部前总经理斯卡利都公然宣称："苹果公司如果有乔布斯在，我就无法执行任务。"

对于二人势同水火的形势，董事会必须在他们之间决定取舍。当然，他们选择的是善于团结的斯卡利，而乔布斯则被解除了全部的领导权，只保留董事长一职。对于苹果公司而言，乔布斯确实是一个大功臣，是一个才华横溢的人才，如果他能和手下员工们团结一心的话，相信苹果公司是战无不胜的，可是他选择了"独来独往"，不与人合作，这样他就成了公司发展的阻力，他越有才华，对公司的负面影响就越大。所以，即使是乔布斯这样的出类拔萃的开创者，如果没有团队精神，公司也只好忍痛舍弃。

事实上，一个人的成功不是真正的成功，团队的成功才是最大的成功。对于每一个职场人士来说，谦虚、自信、诚信、善于沟通、

团队精神等一些传统美德是非常重要的。团队精神在一个公司、在一个人事业的发展过程中都是不容忽视的。

松下公司总裁松下幸之助访问美国时，《芝加哥邮报》的一名记者问他："您觉得美国人和日本人哪一个更优秀呢？"这是一个相当尴尬的问题，说美国人优秀，无疑伤害了日本人的民族感情；说日本人优秀，肯定会惹恼美国人；说差不多，又显得搪塞，也显示不出一个著名企业家应有的风度。

这位聪明的企业家说："美国人很优秀，他们强壮、精力充沛、富于幻想，时刻都充满着激情和创造力。如果一个日本人和一个美国人比试的话，日本人是绝对不如美国人的。"美国记者十分高兴："谢谢您的评价。"正当他沾沾自喜的时候，松下幸之助继续说："但是日本人很坚强，他们富有韧性，就好像山上的松柏。日本人十分注重集体的力量，他们可以为团体、为国家牺牲一切。如果10个日本人和10个美国人比试的话，肯定可以势均力敌，如果100个日本人和100个美国人比试的话，我相信日本人会略胜一筹。"美国记者听了目瞪口呆。

"没有完美的个人，只有完美的团队"，这一观点已被越来越多的人所认可。每个人的精力、资源有限，只有在协作的情况下才能达到资源共享。

单打独斗的年代已经一去不复返，只有懂得合作的人才能借别人之力成就自己，并获得双赢。朋友，你想成为真正的笑傲职场的"英雄"吗？那就彻底告别"独行侠"的角色吧。

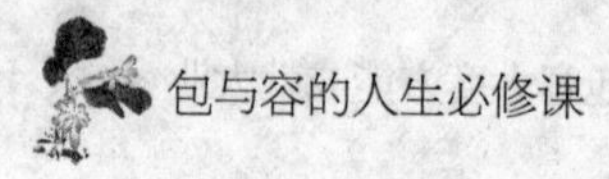

胸襟开阔方能成就伟业

有一个男孩有着很坏的脾气，于是他的父亲就给了他一袋钉子，并且告诉他，每当他发脾气的时候就钉一根钉子在后院的围篱上。

第一天，这个男孩钉下了37根钉子。慢慢地，每天钉下钉子的数量减少了。他发现控制自己的脾气要比钉下那些钉子来得容易些。

终于有一天，这个男孩再也不会失去耐性乱发脾气了。他告诉他的父亲这件事，父亲告诉他，现在开始每当他能控制自己的脾气的时候，就拔出一根钉子。

一天天地过去了，最后男孩告诉他的父亲，他终于把所有钉子都拔出来了。

父亲握着他的手来到后院说："你做得很好，我的好孩子。但是看看那些围篱上的洞，这些围篱将永远不能回复成从前的样子。你生气的时候说的话将像这些钉子一样留下疤痕。如果你拿刀子捅别人一刀，不管你说了多少次对不起，那个伤口将永远存在。话语的伤痛就像真实的伤痛一样令人无法承受。"

男孩通过钉钉子和拔钉子，学会了一堂重要的人生之课：学会宽厚容人。

一个能够成就一番事业的人，一定是一个心胸开阔的人。人要成大事，就一定要有开阔的胸怀，只有养成了坦然面对、包容他人的习惯，才会在将来取得事业上的成功与辉煌。无论你一生中碰到如何不顺利的环境，遭遇到如何凄凉的境界，你仍然可以在你的举止之间，显示出你的包容、仁爱的心态，你的一生将受用无穷。

胸襟开阔的人，虽然没有雄厚的资产，但其在事业上的成功机

会，较之那些虽有资产却缺乏吸引力和缺乏“人和”的人要多，因为他们不仅到处受人欢迎，而且能得到别人的帮助。

一个只肯为自己打算盘的人，会受人鄙弃。其实，你可以将自己化作一块磁石，来吸引你所愿意吸引的任何人到你的身旁——只要你能在日常生活中，处处表现出爱人与善意的精神。

举世都喜欢胸怀宽大的人。假使你打算多交些朋友，你一定要能宽宏大量。

应该常去说说别人的好话，常去注意别人的好处，不要把别人的坏处放在心上。

如果对别人常常吹毛求疵；对于别人行为上的失误，常常冷嘲热讽——你该留意，这样的人大多是危险的人物，这样的人往往不太可靠。

具有宽广的心胸的人，看出他人的好处比看出他人的坏处更快。反之，心胸狭隘的人，目光所及都是过失、缺陷，甚至罪恶。轻视与嫉妒他人的人，心胸是狭隘的、不健全的。这种人从来不会看到或承认别人的好处，而胸襟开阔的人，即使憎恨他人时也会竭力发现对方的长处，并由此而包容对方。

胸襟有多大，成就就有多大

如同千人千面，人的度量也是千差万别的。有的人豁达大度，“将军额上能跑马，宰相肚里能撑船”；有的人睚眦必报，锱铢必较，你碰我一拳我一定踢你一脚。

人非圣贤，谁能没有七情六欲，即使是讲究“跳出三界外，不在五行中”的佛门中人，也还要常常念叨“出家人以慈悲为怀，善哉！善哉！”为的是时时提醒自己宽容大度。何况凡尘中人。

义青禅师尚未正式开示说法前，曾在法远禅师处求法。有一次，法远禅师听闻圆通禅师在邻县说法，便让义青禅师去圆通禅师那里求法。

义青禅师极不愿意，他认为圆通禅师并不高明，又不愿违逆法远禅师，便不情不愿地去了。但到了圆通禅师那里，义青禅师并不参问，只是贪睡。

执事僧看不过去，就告诉圆通禅师说："堂中有个僧人总是白天睡觉，应当按法规处理了。"

圆通禅师一向只听执事僧讲听者的虔诚，还不曾听说谁在堂上睡觉，便很惊讶地问："是谁？"

执事僧回答："义青上座。"

圆通禅师想了想，便说："这事你先不要管，待我去问一问。"

圆通带着拄杖走进了僧堂，果然看到义青正在睡觉。圆通禅师便敲击着义青禅师的禅床呵斥说："我这里可没有闲饭给吃了以后只会睡大觉的上座吃。"

义青禅师却似刚睡醒般地问道："和尚叫我干什么？"

圆通禅师便问："为什么不参禅去？"

义青禅师回答："食物纵然美味，饱汉吃来不香。"

圆通禅师听出义青禅师话里的机锋，说："可是不赞成上座的有很多人。"

义青禅师则胸有成竹地回答："等到赞成了，还有什么用？"

圆通禅师听其言谈，知其来历一定不凡，就问："上座曾经见过什么人？"

义青禅师回答："法远禅师。"

圆通禅师笑道："难怪这样顽赖！"

随之，两人握手，相对而笑，再一同回方丈室。义青禅师因此

而名声远扬。

圆通禅师能够让法远禅师敬重，并要求义青禅师前去听法，很可能就是因为圆通禅师的容人雅量。义青禅师在圆通禅师面前的自信，多少显示出对圆通禅师的轻视。圆通禅师在询问过程中不会没有察觉。倘若圆通禅师没有容人的雅量，不能对义青禅师的轻慢一笑置之，估计义青禅师是免不了被扫地出门的。但是幸运的是，义青禅师遇到的是能够容人的圆通禅师，圆通禅师不仅能够容忍他的轻慢之举，而且能够肯定他，抬举他，给他应有的地位。

有容乃大，忍者无敌。很多时候一个人之所以能够被人敬仰，受人尊敬，不在于他的能力有多高，相貌有多体面，知识有多渊博，而在于他有宽广的胸襟，能够容人之不能。这种人，不会因他人对自己的轻慢，而轻易对他人进行简单地否定。

一个人度量的大小，固然与他的思想修养、道德水平、文化程度、社会经历乃至脾气性格都有关系，然而远大的理想抱负和广博的境界则是开阔胸襟的根本原因。

境界是可以后天修炼的，度量也是可以变化的，随着社会经历的日渐丰富和生活环境、社会地位的变化，度量在思想锻炼和修养培养的过程中也会不断发生变化。度量小的可能变得宽容大度，度量大的也可能变得小肚鸡肠。

西方近代天文学之父弟谷也曾是一个度量狭小的人。他念书时，因为在一个数学问题上与一个同学发生了争吵，最后竟与人决斗。在决斗中，弟谷的鼻子被对方的剑刃削掉，为了维护容貌，后来不得不装上个假鼻子。从这次遭遇中，他意识到度量狭小的害处，就开始改变自己处世的态度。后来，他无私地援助开普勒研究天文，并容忍了他的误解和无礼。开普勒后来回忆说：自己之所以

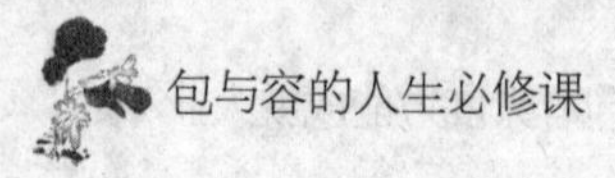

发现行星运动的规律，完全得益于弟谷的大度和提挈。

俗话说："最大的是心，最小的也是心。"但有的人心胸狭窄，容不得他人强过自己，容不得他人轻视自己，这样就只会使自己局限于一隅，难以有所建树。而对于一个想有所作为的人而言，唯有宽大容物才能成就自己。胸襟宽广，就能够团结一切人，能够成就大事。正所谓有多大胸襟就有多大成就。

你可以不信，但不必排斥

法国的启蒙思想家伏尔泰说："虽然我不同意你的观点，但我誓死捍卫你说话的权利。"这是西方人对尊重个体与尊重自由的呐喊。而在东方，讲究的是包容，是海纳百川，是泽被万物，是儒家这一主体思想对外来佛教的包容与融合。是接受彼此的差异化，求同存异，是和谐共处，因此这一文化之源流几千年不断绝。

星云大师谈到佛教传到中国时，颇有感慨地说道：中国和佛教始终是和谐的。佛教文化被悠久的中华文化所接纳，并且继续发扬光大，成为中国的佛教。佛教对得起中国，中国也不负佛教，正是两者之间相互的包容造就了这和谐的一切，接着，大师说了一句朴实却振聋发聩的话：你可以不信，但不必排斥。这不仅适用于对宗教的信仰，也适用于每个人为人处世，待人接物。做人需要求同存异。

在喜马拉雅山中有一种共命鸟。这种鸟只有一个身子，却有两个头。有一天，其中一个头在吃美果，另一个头则想饮清泉，由于清泉离美果的距离较远，而吃美果的头又不肯退让，于是想喝清水的头十分愤怒，一气之下便说："好吧，你吃美果却不让我喝清水，

那么我就吃有毒的果子。”结果两个头都同归于尽。

还有一条蛇，它的头部和尾部都想走在前面，互相争执不下，于是尾巴说：“头，你总在前面，这样不对，有时候应该让我走在前面。”头回答说：“我总是走在前面，那是按照早有的规定做的，怎能让你走在前面？”两者争执不下，尾巴看到头走在前面，就生了气，卷在树上，不让头往前走，它趁着头放松的机会，立即离开树木走到前面，最后掉进火坑被烧死了。

无论是两头鸟还是那条头尾相争的蛇，因为不知道求同存异的这个道理，最终导致两败俱伤，受到伤害的终究还是自己。如果那只鸟的一个头能够先让另一只喝到水，再过去吃鲜果，那自己也不是没有什么损失吗？只是哪个先哪个后的问题。人有时候实际上和这两只鸟一样，不愿意让自己的利益受到一点点的损失，别人的一点要求也不能满足，所以到头来自己也是一无所获。

这世上的事物千差万别，人与人之间也存在着众多的差异，生活背景、生活方式、个性、价值观等的差异，让我们的相处也存在着或多或少的困难，无所谓希望或者失望、信任或者背叛，我们所能做的只能是相互尊重、相互包容、求同存异、真诚相对，而不必强求一致。

正是因为这种差异性的存在，在客观上便要求我们要做到“求同存异”，即在寻找相互之间相同的地方的同时，也要尊重相互之间客观存在的差异性，从而实现相互之间的合作。因此，要做到“求同存异”，“尊重”是基础，而且还需要有耐心、能包涵、心胸开阔。如果能将这一条与取长补短、开诚布公协调运用，那么，不仅双方能表达得更为舒畅，而且还能从中学到不少的新东西。

我们要逐渐学会求同存异，保留相同的利益要求，与人相处也要照顾别人的利益，在自己的利益与别人的利益之间求中间值，让自己的利益和别人的利益都得到实现。

如果我们不懂得求同存异，那么，我们就很有可能在面临差异与分歧的时候相互争斗，最终使双方都受到巨大的伤害。在生活和工作中，我们也该本着“求同存异”的原则与他人相处。寻找人与人之间的共同点往往是我们打造良好人际关系的开始，也是求同存异的前提条件，并且在共同点的基础之上相互尊重对方的差异性，只有这样才能与对方进行合作，并且最终取得双赢的局面。

能够包容他人才能被更多人接纳

《易经》的第二卦坤卦的开头有这样一句话：“地势坤，君子以厚德载物。”这句话被国学大师张岱年先生认为是国学精华的一颗明珠。而今这句话被广为推崇，它的字面意思是：大地是宽广、包容万物的，君子就应当像大地一样，有厚重的道德能容忍他物。张岱年先生是这样解释这句话的：厚德载物是一种宽容的思想，对不同意见持一种宽容的态度，对中国的思想、学术、文化、社会的发展都起了很大的作用，宽容的态度在中国文化里面起了主导作用，是一种健康正确的思想。

的确如张岱年先生所说，五千年的中国历史其实就是一部宽容发展的历史。中华民族能够长盛不衰，中华文明能够历久弥新，就在于我们的民族精神里闪耀着宽容大度的光辉。从汉朝昭君出塞与呼韩邪单于和亲，到文成公主千里入西藏与松赞干布成婚，从唐太宗对俘获的东突厥首领颉利可汗宽容以待，成就万国来朝的盛世气象，到而今我国宽容日本侵华的累累恶行，呈现中国和善的国际形象……中华民族的历史无不闪耀着宽容的光芒。宽容大度的态度，一直是流淌在我们民族文化中

的另一股血液。正是这股血液，成就了中华民族的博大精神，成就了华夏古国的永远年轻。正如张岱年先生所说，中国文化的特点之一就是宽容、博大。

世界发展到今天，很多国家、民族在地球上已经消失。而我们的祖国已经有五千多年的历史了，依然年轻而有活力，就是因为我们的文化是宽容的，我们的民族是宽容的，我们的思想是宽容的。可见，宽容有着多大的作用，对于国家、民族来说，宽容能使国家强盛、民族强大。对于个人来说，宽容能使一个人得到他人的信服和帮助，宽容能成就一个人伟大的理想。

服装界有名的商人马亮是一个善于容人的经营者，他的成功就和自己善于包容不同个性的人才有很大关系。

马亮刚入服装行业的时候，有一次他拿着样衣经过一家小店，却无缘无故地被店主讥讽嘲笑了一通，说他的衣服只能堆在仓库里，再过 10 年也卖不出去。马亮并未反唇相讥，而是诚恳地请教，店主说得头头是道。马亮大惊之下，愿意高薪聘用这位怪人。没想到这人不仅不接受，还讽刺了马亮一顿。马亮没有放弃，运用各种方法打听，才知道这位店主居然是一位极其有名的服装设计师，只是因为他自诩天才、性情怪僻而与多位上司闹翻，一气之下发誓不再设计服装，改行做了小商人。

马亮弄清原委后，三番五次登门拜访，并且诚心请教。这位设计师仍然是火冒三丈，劈头盖脸地骂他，坚决不肯答应。马亮毫不气馁，常去看望他，经常和他聊天并给予热情的帮助。这位怪人到最后，也很不好意思了，终于答应马亮，但是条件非常苛刻，其中包括他一旦不满意可以随意更改设计图案，允许设计师自由自在地上班等。果然，这位设计师虽然常顶撞马亮，让他下不了台，但其创造的效益很巨大，帮助马亮建立了一个庞大的服装帝国。

从这个小故事中，我们可以看出宽容的巨大作用。你待人宽宏，你就能得到别人的感激和回报。如果你待人刻薄，不懂宽大为怀、宽能容人的道理，在生活中你就会孤立无援。这位设计师的脾气不可谓不怪异，甚至有点恃才傲物，但是马亮慧眼识金，懂得他的价值所在，对他的缺点和不足一一宽容，使他帮助自己走上了事业的成功之路。

“地势坤，君子以厚德载物”，大地因为宽广，才容得下山川草木、森林河流。一个君子就应该从大自然的启发中，培养自己宽容的胸襟，牢记“厚德载物”这一国学精华的古训。在现实生活中，用自己的一举一动践行“君子以厚德载物”的人生信条。

回避恶性竞争，不抢同行盘中餐

虽然说没有竞争就没有进步，可是商场之中一旦陷入恶性竞争，就可能会争权夺利而不择手段。

胡雪岩创业之初很担心因为同行的恶性竞争而阻碍自己事业的发展，所以在他经营阜康钱庄的时候，就一再发表声明：自己的钱庄不会挤占信和钱庄的生意，而是会另辟新路，寻找新的市场。

这样一来，属于同一行业范畴的信和钱庄，不是多了一个竞争对手，而是多了一个合作伙伴。心中的顾虑消除了，信和钱庄自然很乐意支持阜康钱庄的发展。在后来的发展历程中，阜康钱庄遇到发展危机的时候，信和能够主动给予帮助，也是因为当初胡雪岩“不抢同行盘中餐”的正确性所在。

在阜康钱庄发展十分顺利的时候，胡雪岩插手了军火生意。

这种生意利润很大，但是风险也大，要想吃这一碗饭，没有靠山和智慧是不行的。胡雪岩凭借王有龄的关系，很快进入军火市场，也做成了几笔大生意。这样一来，胡雪岩在军火界的名声也就越来越响了。

一次，胡雪岩打听到了一个消息，说外商将引进一批精良的军火。消息一确定，胡雪岩马上行动起来了，他知道这将是一笔大生意，所以赶紧找外商商议。凭借胡雪岩高明的谈判手腕，他很快与外商达成了协议，把这笔军火生意谈成了。

可是，这笔生意做成不久，外面就有传言说胡雪岩不讲道义，抢了同行的生意。胡雪岩听了后，赶紧确认。原来，在他还没有找外商谈军火一事之前，有一个同行已经抢先一步，以低于胡雪岩的价格买下了这批货，可是因为资金没有到位，还没来得及付款，就让胡雪岩以高价收购了。

弄清楚情况以后，胡雪岩赶紧找到那个同行，跟他解释说自己是因为不知道，所以才接手了这单生意的。他甚至主动提出，这批军火就算是从那个同行手中买下来的，其中的差价，胡雪岩愿意全额赔偿。那个同行感动不已，暗叹胡雪岩是个讲道义的人。

协商之后，胡雪岩做成了这单生意，同时也没有得罪那个同行，在同业中的声誉比以前更高了。这种通融的手腕让他消除了在商界发展的障碍，也成了他日后纵横商场的法宝。

在商场上，竞争尤为激烈。人们为了达成自己的目的，往往是万般手段皆上阵。有时候，为了挤走同行业的竞争者，甚至会出现价格大战、造谣中伤等情况。这样做，虽然受益的是顾客，但是如果因为竞争而造成了成本不足，导致产品的质量下降，直接受损失的还是顾客。

俗话说："同行是冤家。"但并不是说同行就必须要"打破脸，撕破皮"，互相看不上眼，老死不相往来。而是应该彼此给对方留一些发展空间，这样才能在危机到来的时候达成一致，共渡难关。

每个人的身上都有着属于自己的优点，商场中也是一样的。各家的经营手段不同，其中一定有好的一面可以让大家学习，能够看到对方的优点，回避对方在发展中的不足，这也是有利于大家共同发展的一种手段。

应该为公共利益做些什么

宇宙间的一切生命都相依相存，为了生存，所有人都在争取着自己的利益。但是，我们每个人似乎都更应该问一问自己：我为公共利益做过些什么呢?

有时候我们会在心中把一支优美的乐曲分割成一个个的音符，然后对着每一个声音自问：我是被它征服的吗?答案没有悬念，任何一个再美好的音符也很难刹那间触动人的心弦，而当所有音符跳跃的节奏与心灵合拍时，紧闭再久的心门也会霎时敞开，这就音乐的神奇魔力。

人与人就像音符与音符一样,完美的融合才能带来完美的效果。若我们只顾着个人利益而忽视了整体的和谐，一串动听音乐中尖锐而突兀的声音又怎么能带来丝毫的美感?

曾经有一个戏剧爱好者，他不顾亲朋的反对，毅然选择一处并不热闹的地区，修建了一所超水准的剧院。

剧院开幕之后，非常受欢迎，并带动了周围的商机。附近的餐

馆一家接一家地开设，百货商店和咖啡厅也纷纷跟进。

没有几年，剧院所在的地区便成为商业繁荣地带。

“看看我们的邻居，一小块地，盖栋楼就能出租那么多的钱，而你用这么大的地，却只有一点剧院收入，岂不是吃大亏了吗？”那人的妻子对丈夫抱怨，“我们何不将剧院改建为商业大厦，也做餐饮百货，分租出去，单单租金就比剧场的收入多几倍！”

那人也十分羡慕别人的收益，便贷得巨款，将自己的剧院改建商业大楼。

不料楼还没有竣工，邻近的餐饮百货店纷纷迁走，更可怕的是房价下跌，往日的繁华不见了。而当他与邻居相遇时，人们不但不像以前那样对他热情奉承，反而露出敌视的眼光。面对现实的境况，那人终于醒悟，是他的剧院为附近带来繁荣，也是繁荣改变他的价值观，更由于他的改变，又使当地失去了繁荣。

世界上的事物都是互相联系、互为因果的，我们谁也不可能孤立存在，更不可能孤立干成一件事。人与人之间天生存在着一种合作关系，这本是最简单不过的道理，不过越是简单的道理，却越容易令人忽视，很多人就像是故事中的剧场主人一样，为了自己一时的利益而忽视了整体的公共利益，最终反而会失去更多。所以，个人利益是在公共利益得到保障的前提下实现的。

成功的人大多都有与人合作的精神，因为他们知道个人的力量是有限的。只有依靠大家的智慧和力量才能办成大事。合作可加速成功，合作可以帮人渡过困境。所以，凡事不要太计较，当你为大家的普公共利益付出了自己的心血时，就一定会得到回馈。

找到合适的另一半

建立良好的合作关系，还需要了解他人、包容他人。每个人都有自己的优缺点，在与人合作的过程中，你不可能只与他人的优点合作，当与他人的缺点发生冲撞时，你唯一能做的就是包容。

有一天，沙漠与海洋谈判。

“我太干，干得连一条小溪都没有，而你却有那么多水，变成汪洋一片。”沙漠建议，“不如我们做个交换吧。”

“好啊，”海洋欣然同意，“我欢迎沙漠来填补海洋，但是我已经有沙滩了，所以只要土，不要沙。”

“我也欢迎海洋来滋润沙漠，”沙漠说，“可是盐太咸了，所以只要水，不要盐。”

我们想得到一种东西，必须容忍其他一些东西也跟过来。

有两个戏剧学院的学生，毕业后一起进入演艺圈，他们都很有才华，在学校的时候就显得与众不同，两人虽然彼此惺惺相惜，却也因好强而暗中较量。

虽然两人同时毕业于戏剧学院，但一位是导演系的，一位是表演系的，因此入行后，一位当导演，一位做演员。

经过一段时间的努力，两人在工作岗位上都表现得很出色。有一次，刚好有部电影可以让他俩合作，基于两人是要好的同学，而且心里对彼此的才能和需求都非常了解，所以他们爽快地答应一起合作。

导演对于演员一向要求比较严格，所以在拍戏的过程之中，虽然是自己的同学也毫不客气地加以指责。而已经是名演员的老同学

也有自己的见解和个性，所以片场的火药味总是很浓。

有一天，导演因为几个镜头一直拍不好，不禁怒火中烧，对着自己的老同学大发脾气，一句重话马上脱口而出："我从来没见过这么烂的演员！"

名演员一听，愣了许久。他走到休息室，不肯出来继续拍戏。

"一个篱笆三个桩，一个好汉三个帮。"一个人在社会生活中，不可能永远孤军打天下，总会有与别人携手合作的时候。事实上，我们几乎每天都会碰到许多必须与别人合作才能完成的事情，学会与别人愉快而有效地合作，无疑将会给你的生活和学习带来高效率和愉悦的心情。因此，可以说合作关系是人际关系的另一面镜子。

与别人合作关系差的人，其人际关系往往也很差。因此，从合作关系之中，我们可以建立良好的人际关系；从人际关系之中，我们可以巩固彼此的合作关系，这是互动的。

学会与别人合作有很多的技巧，不是说你仅有一颗真诚的心就可以了。要与人合作必须了解别人，只有了解别人，才谈得上合作，只有对别人有了充分的了解，才能扬其长、避其短，使其有信心与你共事。

其实，了解别人也是一种能力，而不仅仅是一种态度。在很多情况下，我们都是感情用事，不够理智，不懂得换位思考，这为我们带来了许多麻烦，所以我们每个人都应该以一颗包容的心，忍受别人不合理的行为，学会去欣赏并接受不同的生活方式、文化等。

请相信你的合作者

合作伙伴就得统一战线，齐心协力才能打败你的对手。轻易怀疑你的合作伙伴等于是自挖阵脚，不战自溃。

灰兔在山坡上玩，发现狼、豺、狐狸鬼鬼祟祟地向自己走来，便急忙钻到自己的洞穴中避难。灰兔的洞一共有三个不同方向的出口，为的是在情况危急时能从安全的洞口逃离。今天，狼、豺、狐狸联合起来对付灰兔，它们各自把守一个出口，把灰兔围困在洞穴中。

狼用它那沙哑的嗓子，对着洞中喊道："灰兔你听着，三个出口我们都把守着，你逃不了啦，还是自己走出来吧。不然我们就要用烟熏了，还要把水灌进去！"

灰兔想，这样一直困在洞里也不是个办法，如果它们真的用烟熏、用水灌，情况就更加不妙。忽然，灰兔灵机一动，想出了一个妙计。它来到狐狸把守的洞口，对着洞外拼命地尖叫，就像被抓住后发出的绝望惨叫声。

狼和豺听到灰兔的尖叫声，以为灰兔被狐狸抓住了。它们担心狐狸抓到灰兔后独自享用，不约而同地飞奔到狐狸那里，想向狐狸要回属于自己的那份。聚到一起后，狼、豺、狐狸忽然意识到灰兔可能是用声东击西之计时，急忙又回到各自把守的洞口继续把守。它们哪里知道，灰兔趁刚才狼到狐狸那里去的时候，早已飞奔出来，躲到了安全的地方。

灰兔把自己脱险的经过告诉了刺猬，刺猬说："你真聪明，你是怎么想出这个妙计来的呢？"灰兔说："因为我知道，狼、豺、狐狸虽然结伙前来对付我，但它们都有贪婪的本性，互不信任，各怀鬼胎，我正是利用了这一点。"

没有信任的团队，是无法形成强大的向心力和凝聚力的，在竞争中，他们总会被对手找到漏洞，各个击破，最后落得失败的下场。

如果你相信别人，别人也会相信你。你以什么样的态度或方式对待别人，别人也会以什么样的态度或方式来对待你。

信任是合作的基础，而相互合作的人就像战场上同一战壕的战友，你要相信你的“战友”。

没有信赖做基础，每个人都会试图保护自己眼前的利益，但是这么做会对长期的利益造成损害。信赖是一种开放的格局，是人与人之间最最重要的情谊，人们最值得骄傲的就是自己可以得到别人的信任，自己的所作所为能够无愧于心，并与人坦诚地沟通。去信任我们的“战友”，同时也让自己成为值得信任的人。

第六章

包容下属，柔性的管理力量

宽待下属，制造向心效应

宽容，应该是每一个领导应具备的美德。没有一个下属愿意为斤斤计较、小肚鸡肠，对犯一点小错就抓住不放，甚至打击报复的领导卖力办事。

原谅下属的非原则过失，这是一种重要的笼络手段。对那些无关大局之事，不必同下属锱铢必较，当忍则忍，当让则让。要知道，对下属宽容大度，是制造向心效应的一种手段。

汉文帝时，袁盎曾经做过吴王刘濞的丞相，他有一个侍从与他的侍妾私通。袁盎知道后，并没有将此事泄露出去。有人却以此吓唬侍从，那个侍从就畏罪逃跑了。袁盎知道消息后亲自带人将他追回来，将侍妾赐给了他，对他仍像过去那样倚重。

汉景帝时，袁盎入朝担任太常，奉命出使吴国。吴王当时正在谋划反叛朝廷，想将袁盎杀掉。他派五百人包围了袁盎的住所，袁盎对此事却毫无察觉。恰好那个侍从在围守袁盎的军队中担任校尉司马，就买来二百坛好酒，请五百个兵卒开怀畅饮。兵卒们一个个喝得酩酊大醉，瘫倒在地。当晚，侍从悄悄溜进了袁盎的卧室，将他唤醒，对他说："你赶快逃走吧，天一亮吴王就会将你斩首。"袁盎大惊，赶快逃离吴国，脱了险。

从这个故事中，我们不仅看到了袁盎的宽宏大度，远见卓识，也可以洞悉他们驾驭部下的高超艺术。

公元199年，曹操与实力最为强大的北方军阀袁绍相抗于官渡，

袁绍拥众十万，兵精粮足，而曹操兵力只及袁绍的十分之一，又缺粮，明显处于劣势。当时很多人都以为曹操这一次必败无疑。曹操的部将以及留守在后方根据地许都的好多大臣，都纷纷暗中给袁绍写信，准备在曹操失败后归顺袁绍。

相距半年多以后，曹操采纳了谋士许攸的奇计，袭击袁绍的粮仓，一举扭转了战局，打败了袁绍。曹操在清理从袁绍军营中收缴来的文书材料时，发现了自己部下的那些信件。他连看也不看，命令立即全部烧掉，并说："战事初起之时，袁绍兵精粮足，我自己都担心能不能自保，何况其他人！"

这么一来，那些动过二心的人便全都放心了，对稳定大局起了重要的作用。

这一手的确十分高明，它将已经开始离心的势力收拢回来。不过，没有一点气度的人是不会这么干的。原谅下属的过失，让下属知道你的胸怀大度，他会情愿为你做任何事。

以高姿态对待下属的顶撞

"宰相肚里能撑船"不是一句虚话，但凡真正的大人物，都有相对广阔的胸襟，斤斤计较之辈，一般难有太大的出息。

领导归根结底是对人的领导，只有自己对人性的理解全面时，才能把握好人才。南怀瑾先生在与彼得·圣吉谈管理的时候，曾经说："想做个领导者，你必须是个真正的人，你必须先认识生命真正的意义。"领导者要成为一个真正的人，必须要有博大的胸襟。一个胸襟宽广的人，才能不被狭隘偏私所限制，才能认识生命真正的意义，成为识人才的伯乐，眼光高远，千金买马骨。

世界上最缺的是什么？人才！无论在什么时代，人才永远都是最重要的。优秀的领导者对人才总有一种极度的渴望，就像曹操在诗中所说："青青子衿，悠悠我心。但为君故，沉吟至今。"人才难得，所以很多政治家对冒犯自己的人才往往能既往不咎，收为己用。这也是他们能成就霸业的关键。

齐桓公即位后，即发令要杀公子纠，并把管仲送回齐国治罪。因为管仲做公子纠的师傅时，想用箭射死齐桓公。结果齐恒公假死逃过一劫。管仲被关在囚车里送到齐国。鲍叔牙立即向齐桓公推荐管仲。齐桓公气愤地说："管仲拿箭射我，要我的命，我还能用他吗？我恨不得杀之而后快！"鲍叔牙说："以前他是公子纠的师傅，所以他用箭射您，这不正好体现了他对公子纠的忠心吗？而且要是论起本领来，他比我强多了。主公如果要干一番大事业，我看管仲可是个用得着的人。"

齐桓公是个豁达大度的人，听了鲍叔牙的话，不但不治管仲的罪，还立刻任命他为相，让他管理国政。管仲帮着齐桓公整顿内政，开发富源，大开铁矿，多制农具，后来齐国越来越富强了。

齐桓公既往不咎，原谅了管仲的冒犯，原因在那儿呢？一是各为其主；二是管仲确有大才。还有最重要的一点是齐桓公确实是一个有胸襟的人。化敌为友，使其成为自己最得力的干将，这是古代领导者常见的戏码。对于现代人来说，能原谅下属对自己偶尔的冒犯就很难得了。

对领导者而言，下属首先是个人，是人就有小毛病，可能还会犯点小错误，这都是很正常的。因此，宽容地对待下属和员工，这是每一个领导者应具备的美德。

尽可能原谅下属不经意间的冒犯，这是获得下属好感的有效手

段。在不关乎原则的前提下，领导应当“得过且过”，不可同下属斤斤计较。

《孙子兵法》里最妙的要数“攻心”。而要攻心，就非得有一颗有容乃大的心，能原谅下属偶尔的冒犯。很多有大才的人，都是不拘小节的，他们不遵循社会上的规则，我行我素，不买领导的账，在领导面前也是腰板挺得直直的，偶尔会毫不客气地顶撞。如果领导不能容忍这样的冒犯，那很可惜，他会因此错失某些真正的人才。

有张有弛，驾驭人才的刚柔策略

曾国藩的手下，可算是能人辈出。可是，这些能人聚在一起，惹出的麻烦事也是难处理的。

在镇压太平军的过程中，曾国藩手下的部队是由他自己的湘军、李鸿章的淮军和一部分绿营兵组成的。淮军中有一个将领，叫做刘铭传，作战十分英勇，他率领的“吉字军”屡屡立下战功。但是由于他的部队配备精良，也常常引起别的将领的嫉妒。

这不，清军将领陈国瑞就趁着刘铭传离开营地的时候，带了百十个绿营兵，冲进了“吉字营”，不仅杀死了二三十个淮勇，还抢走了三百多条新式洋枪。陈国瑞还趁机溜进了刘铭传的屋子里，偷偷拿走了他的长枪和古铜盘。

刘铭传回来以后，疯了似的带领五百个淮勇，去找陈国瑞报仇。他们打死了四五十个绿营兵，夺回来被抢去的武器，但是那个古铜盘一直没能找到。

这件事很快就传到了曾国藩的耳朵里。他听说自己人打自己人，顿时气不打一处来。可是，刘铭传和陈国瑞都是难得的将才，特别是太平天国运动还没有平息，如果这个时候处理不好此事，无疑会影响整个战事。

想那陈国瑞，最初曾经参加太平军与清廷作对，后来投降了清军，成为蒙古王爷手下的一员大将。蒙古王爷死后，他跟了曾国藩。曾国藩哪里会不知道，陈国瑞是个烈性子，即使是蒙古王爷，也要敬他三分的。可是，这件事情毕竟是他不对在先，如果不给予严处，那么以后将不能服众。

曾国藩想了想，把陈国瑞叫来，先给了他一个下马威："你以前是太平军的人，杀害了我大清多少将士，这笔账似乎还没算清楚吧？"陈国瑞什么都不怕，就怕别人提他这段"不光彩"的过去，所以一句话也没敢说。曾国藩见起了效果，就温和下来说："我知道你作战勇敢，是一个很难得的人才。"陈国瑞见曾国藩缓和了下来，就放松了许多。曾国藩在闲谈之中，让他以后不许欺压百姓，不许再在营中械斗。陈国瑞马上答应了。

可是，对待陈国瑞这样的人，只有宽容是不行的。他跟曾国藩达成的协议，回到营里马上就忘了。曾国藩一见，立即奏请皇上撤了陈国瑞的官职，给了他很严厉的制裁，终于陈国瑞不敢再放肆了。刘铭传也在这件事情上受到了教训，他原以为曾国藩会拿他开刀，必定会严惩他，可是曾国藩只骂了几句，就没再说什么。他自然感觉到曾国藩对他的宽容，十分感激曾国藩。从此，再也不敢惹事了。

身为领导，曾国藩深深明白，如果不能很好地管理手下，放任他们，那么迟早有一天会闯出大祸的。但是，并不是所有犯错的人都适合严惩，有时候过重的惩罚往往会刺激一个人的自尊心，激发他的反叛心理，反而会起到相反的效果。但是，一味地宽容，也是不可取的。

凡成大事的人，都善于利用有张有弛的管理办法，就如同放风

筝一样，觉得拉得太紧，就要学会放松，如果太松了，又要往回收线。只有张弛有度，才能把握全局，人心归附，成就大事。

对待不同的人，采用不同的管理策略。一个领导者，首先要了解自己的下属，知道他们是什么样的人，要用什么样的方法才能让他们发挥出最大的优势。在这一点上，我们不妨借鉴一下克劳利的方法：

在克劳利任段长期间，一次差点出了大事故。有两个工程师，他们都在铁路上服务了很长时间，但就是这样的两个人犯下了大错：由于他们的疏忽，两列火车差点迎头撞上。这么严重的失误是无可推诿的，上司命克劳利解雇这两名员工，但是克劳利持反对意见。“像这样的情况，应当给予相当的考虑，”他反对说，“确实，他们的这种行为是不可宽恕的，是理应受到严厉惩罚的。你可以对他们进行严厉的处罚和教育，但是不可剥夺他们的位置，夺去他们唯一可以为生的职业。总的看来，这些年，他们不知创造了多少好成绩，为铁路事业的发展立下了不少汗马功劳。仅仅由于他们这次的疏忽，就要全盘否定他们以前的功绩，未免太不公平了。你可以惩治他们，但是不可以开除他们。如果你一定要开除他们的话，那么，就连我也一并开除吧。”结果克劳利取得了胜利，两名工程师被留了下来，后来他们都成了忠诚而效率极高的员工。

很多人都觉得，只要对下属严格，就一定能让他们信服自己。其实未必是这样的。有的人性格比较叛逆，管得太严了，反而会产生相反的效果；有的人缺乏自觉性，如果不严加管理，就可能因为粗心大意而闯下大祸。所以，管理者要看自己的下属是怎样的人，然后再采取相应的管理策略。

广开言路，不可独断专行

独断专行，表面上看是领导者的强大，实际上是弱智无能的体现。平心而论，是哪些领导者喜欢独断专行，听不进别人的意见呢？恰恰不是办事干练、富有智慧的强者，而是头脑简单、经验不足、尚不成熟的弱者。

项羽之所以落得个乌江自刎的境地，其实与他的独断专行有很大关联。

当年项羽在鸿门摆下了鸿门宴，邀请刘邦赴宴，他就犯了一个独裁的老毛病，他没有在事前进行周密的部署，也没有与大家进行很好的商量，更没有在自己的高层领导干部里面统一思想，达成共识，以致项伯和自己的左右手、重要谋士范增做出了不同的反应。

尽管范增再三举起了自己的佩玉，暗示项羽要下定决心，机不可失，时不再来。但是，由于项羽始终犹豫不决。范增发现了项羽下不了决心，就私自找了项庄进入酒宴，以舞剑为名借机刺杀刘邦。这也是成语“项庄舞剑，意在沛公”的由来。然而，项伯也拔出了自己的佩剑与项庄一起对舞，以此来保护刘邦，最终使刘邦全身而退。项羽的独断专行使其失去了灭掉刘邦的最好机会。

通过这个事例，创业者可以明白一个道理——个人英雄主义是难成大事的。不管一个领导的个人能力多么强，要想保证自己的集团的目标可以实现、保证自己的集团利益，就必须在重大的事件上面与自己的搭档和员工达成共识，广泛听取各个方面的意见，绝不能独断专行。

群体决策是避免决策误区、避免决策失败的预防针。顾名思义，

群体决策机制就是决策过程的广泛参与性，强调的是民主，不是一言堂，不是一人说了算。比如在制定战略计划时，不仅是企业的高层全部参与，而且还要让那些与战略执行相关的人员参与进来，比如战略的实施人员、相关领域的专家、各个部门的主管和代表等。群体决策机制带来的好处是，任何决策在产生的过程中就赢得了广泛的情感支持，任何参与决策和执行的人不会把决定看做是上级的指示，而是看做是“我们”共同的意见。

但是群体决策机制会带来的风险有三种：一是因为过于强调民主成分而使决策的形成过程成为平衡各家意见的过程，致使决策结果平庸化；二是因为过于鼓励发表不同观点而使决策会议上拉帮结派，使决策的讨论过程成为争权夺利的过程，降低了决策效率；三是决策过程越民主，决策的过程就越长，企业管理者很容易失去耐心，会轻而易举地出台决定，不仅使决策机制没有起到正向作用，反而出现了反作用。

虽然群体决策仍然存在缺点，但显然要比一个人独裁、单人负责拍板定案的方式稳妥得多。现代企业面临的是一个环境复杂而又变化多端的局面，要想在竞争激烈的商场中立于不败之地，就需要管理者提高决策的准确性和正确性。创业者要想最大限度地避免决策失误，就需要充分发挥集体智慧，建立科学的群体决策机制，以集体智慧来保证决策的成功。

群体决策的应用技巧：

（1）群体决策执行效果随着年龄和职务升高而减弱，从年轻、低级人员中可得到较好的群体决策效果；

（2）5 ~ 11 人的中等规模群体最有效，2 ~ 5 人小规模群体较易取得一致意见；

（3）凡是平等排列座位、不突出领导的群体，作出的决策执行质量较高，所需时间较短；

（4）使成员成为评论者，对任何意见坦率开展评论，支持和保护持异议者表达其见解；

（5）将事情交付群体决策讨论时，不要在开始时表达倾向性意见；

（6）在决策执行中可指定一位或轮流担任“唱反调”的角色，展开类似辩论赛中正方、反方的辩论。

尊重差异，有分歧才能有收获

一个事物往往存在着多个方面，要想全面、客观地了解一个事物，就必须兼听各方面的意见，只有集思广益，博采众长，才能了解一件事情的本来面目，才能采取最佳的处理方法。因此，一名高效能人士以“兼听则明，偏听则暗”的箴言提醒着自己，多方地听取他人的意见，以确保自己能够做出正确的决定。

与人合作最重要的就是要重视不同个体的不同心理、情绪与智能，以及个人眼中所见到的不同世界。假如两人意见相同，其中一人必属多余。与所见略同的人沟通，毫无益处，要有分歧才有收获。

一个高效能的管理者应当能够接纳不同的意见，虚心听取不同的声音，这样才能确保自己做出正确的决策。

本田宗一郎是日本著名的本田车系的创始人。他为日本汽车和摩托车业的发展做出了巨大的贡献，曾获日本天皇颁发的“一等瑞宝勋章”。在日本乃至整个世界的汽车制造业里，本田宗一郎可谓是一个很有影响的重量级传奇人物。

1965年，在本田技术研究所内部，人们为汽车内燃机是采用“水

冷”还是“气冷”的问题发生了激烈争论。本田是“气冷”的支持者，因为他是领导者，所以新开发出来的N360小轿车采用的都是“气冷”式内燃机。

1968年在法国举行的一级方程式冠军赛上，一名车手驾驶本田汽车公司的“气冷”式赛车参加比赛。在跑到第三圈时，由于速度过快导致赛车失去控制，赛车撞到围墙上。后来不久，油箱爆炸，车手被烧死在里面。此事引起巨大反响，也使得本田“气冷”式N360汽车的销量大减。因此，本田技术研究所的技术人员要求研究“水冷”内燃机，但仍被本田宗一郎拒绝。一气之下，几名主要的技术人员决定辞职。

本田公司的副社长藤泽感到了事情的严重性，就打电话给本田宗一郎：“您觉得如果公司缺少了技术人员会变成什么样呢？”本田宗一郎无话可说。

藤泽毫不留情地说：“虽然您原来并不支持水冷技术，但是现实情况已经发生了变化。请您给那些有志于为公司奉献自己的智慧和技术的同事一些尊重吧！请您同意他们去搞水冷引擎研究吧！”

本田宗一郎顿时省悟过来，毫不犹豫地说：“好！”

于是，几个主要技术人员开始进行研究，不久便开发出适应市场的产品，公司的销售量也大大增加。这几个当初想辞职的技术人员均被本田宗一郎委以重任。

在美国著名领导学家柯维看来，统合综效的精髓就是判断和尊重差异，取长补短。而本田宗一郎也正是因为做到了尊重并采纳不同的意见，公司的发展才迈向了更高的平台。即使有些建议与我们的观念相冲突，也要尊重差异，采取正确的建议，因为这能让每一个人都真正地实现自我，每个人的自我价值得到了实现，团队的总体效能自然也能等到提升。

所以，想要做到高效能，每一个人都不妨少一些自我封闭、针锋相对和自私自利，多一些坦诚相待和慷慨大方，少一些自我防御、随意判断和权术阴谋，多一些相互尊重和相互信赖。

做一个给下属台阶下的领导

人人都可能做错事情，生活中也随时可能碰到尴尬的场面。处于尴尬境地的人一定会觉得颜面尽失，在这个时候如果你能为他找一个台阶下，不但能立刻博取对方的好感，而且也会建立良好的个人形象。

如今，很多年轻人在职场中做得很不错，毕业不久就走上了领导的岗位，这是一件很值得高兴的事情，但是年轻的领导也会遇到很多的尴尬，面对公司的老员工，还有那些自以为是的“刺儿头”，不能尽职尽责。这时，作为领导为了顾全大局就有可能语重心长地教育他。实际上有时候直言直语相劝并不能达到目的。其实你可以发现他的错误，但不点明，并巧妙地给他一个台阶下，让他既能改正错误，又能保全面子。如此一来，下属认识到了错误，就会卖力地为你办事。

某外企为了争创名牌企业，提高知名度，非常重视环境卫生工作，曾明令禁止职工上班时间抽烟，厂区里树了许多“禁止吸烟”的牌子，并抽调人员不定期巡视。有一次，老总亲自巡视检查，发现有几位工人，站在禁烟牌前吞云吐雾。他们看见老总朝他们走过来，不但毫无收敛，反而抽得更起劲，大有“看你能把我们怎么样”的架势。

在这种情况下，如果换一个领导，一定会大发雷霆："你们没有长眼睛吗？怎么站在禁烟牌前吸烟？"但这样一顿臭骂，事态势必一发不可收。那几位倔脾气的工人可不是省油的灯，否则也没有胆量这样做。可是，这位老总不但没有开骂，反而掏出一包更高级的香烟，给每位都递上一支，友好地对他们说："兄弟，走，咱们出去抽个痛快！"那几位工人反倒觉得不好意思起来，过后，他们负荆请罪，向老总保证：以后再也不在厂区抽烟了。

有的人很容易意气用事，当遇到跟自己对着干的下属时，不易控制自己的情绪。这个时候，你一定要给自己三分钟的冷静思考时间。

良好的人际关系是一个人立足于社会的重要资本，更是一个人取得成功不可或缺的重要因素。而建立良好的人际关系需要尊重他人，包容他人，因为只有这样才能得到他人的理解与尊重。试想，如果连周围接触的人都适应不了，如何能够受人爱戴与尊重？又如何能够获取别人的帮助与支持？又如何能够实现竞争与合作，并创造成功的人生呢？

善于推功揽过

《菜根谭》中提到过："完名美节不宜独任，分些与人可以远害全身；辱行污名，不宜全推，引些归己可以韬光养德。"推功揽过是中国的传统智慧，人性的弱点要求人们要有"推功揽过"的意识，领导者尤其如此。哈佛大学肯尼迪政治学院的哈斯教授说，要在一个组织内做好，一定要做到三点：推功、揽过和成人之美。

子曰："孟之反不伐，奔而殿，将入门。策其马曰：'非敢后也，马不进也！’”孔子在这里为我们描绘了一个生动的战场细节。在战场上打了败仗，哪一个敢走在最后面？孟之反则不同，叫前方败下来的人先撤退，自己一人断后，快要进到自己城门时，才赶紧用鞭子抽在马屁股上，赶到队伍前面去，然后告诉大家说："不是我胆子大，敢在你们背后挡住敌人，实在是这匹马跑不动，真是要命啊！"

胜过周围的人时，不谦虚便容易招致嫉妒和怨恨。因此，孟之反善于立身自处，怕引起同事之间的摩擦，不但不自己表功，而且还自谦以免除同事间的忌妒，以免损及国家。

推功揽过是一种上升为道德的策略，一个优秀的领导者应当像孟之反一样，时刻体察自己周围的人，不揽功，不诿过，这样才能赢得下属的追随。完全归功于自己，是领导者很容易犯的错。任何工作，绝不可能始终靠一个人去完成，即使是一些微不足道的协助，也是尤为重要的。作为领导，当下属有功劳时，绝不可抹杀下属的努力，这是绝对要牢记的。

一个让下属放心追随的领导者，面对功劳时，不会独占；面对过错时，也不会全部归到下属身上。在人们眼里，即使领导没有过错，但他的下属犯错了，也等于他犯了错，犯了监督不力或用人不当的错。作为上司，在下属闯祸之后，不要落井下石，更不要找替罪羊，而应勇敢地站出来，实事求是地为下属辩护，主动承担责任，这样才能得到下属的拥戴，下属才会把他当成真正的靠山。

魏扶南大将军司马炎，命征南将军王昶、征东将军胡遵、镇南将军毋丘俭讨伐东吴，与东吴大将军诸葛恪对阵。毋丘俭和王昶听说东征军兵败，便各自逃走了。

朝廷将惩罚诸将，司马炎说："我不听公休之言，以至于此，

这是我的过错，诸将何罪之有？”雍州刺史陈泰请示与并州诸将合力征讨胡人，雁门和新兴两地的将士，听说要远离妻子打胡人，都纷纷造反。司马炎又引咎自责说：“这是我的过错，非玄伯之责。”

老百姓听说大将军司马炎能勇于承担责任，敢于承认错误，莫不叹服，都想报效朝廷。司马炎引二败为己过，不但没有降低他的威望，反而提高了他的声望。

那种不分青红皂白，无论下属的过错是否与自己有关都大发雷霆，不时强调“我早就告诉你要如何如何”或“我哪里管得了那么多”之类言语的领导们，不仅使下属更不敢于正视问题、不再感到丝毫内疚，而且避免不了下属大闹情绪，甚至永远不可能再拥戴他们。由此可知，领导者应该做的，是勇于承担责任，并将这种“揽过”的精神渗入每个人的心中。

“知荣守辱”，做自谦自省的高明领导者

“江海所以能为百谷王者，以其善下之。”姿态越低，聚集的能力反而越大。老子通过这样的比喻来形容谦虚自省对人的重要性。

自谦自省是每个领导者的修身必备。优秀的领导者，不是局限于某一特定部门或领域的专业人才，而要能参与到各个专职部门或专业领域。这就要求领导者抛开对强权、学识和荣誉的依赖，要懂得曲己顺物、弃学待知、虚怀若谷，做到以无形驾驭有形，以柔弱掌控刚强。这就是无为管理的艺术境界。任正非就是一个通过不断否定自己，来让企业获得持续进步的领航者。

关于开展自我批评的必要性，任正非在他的一篇名为《为什么要自我批判》的文章中说道：

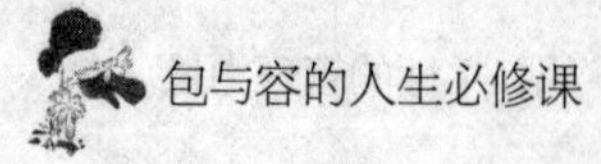

“华为还是一个年轻的公司，尽管充满了活力和激情，但也充塞着幼稚和自傲，华为的管理还不规范。只有不断地自我批判，才能使华为尽快成熟起来。华为不是为批判而批判，不是为全面否定而批判，而是为优化和建设而批判，总的目标是要导向公司整体核心竞争力的提升。

“处在IT业变化极快的十倍速时代，这个世界上唯一不变的就是变化。华为稍有迟疑，就失之千里。故步自封，拒绝批评，落后的就不只千里。企业可以选择为面子而走向失败，走向死亡，也可以选择丢掉面子，丢掉错误，迎头赶上。要活下去，只有超越；要超越，首先必须超越自我；超越的必要条件，是及时去除一切错误，这首先就要敢于自我批判。古人云：‘三人行必有我师。’这三人中，其中有一人是竞争对手，还有一人是敢于批评华为设备问题的客户；如果比较谦虚的话，另一人就是敢于直言的下属、真诚批评的同事、严格要求的领导。只要真正地做到礼贤下士，没有什么改正不了的错误。”

华为的快速成长，其实就是不断自我批判的过程。任正非表示：“如果没有长期持续的自我批判，华为的制造平台就不会把质量提升到20PPM。中国人一向散漫、自由、富于幻想、不安分、喜欢浅尝辄止的创新，不愿从事枯燥无味、日复一日重复的工作，不愿接受流程和规章的约束，难以真正职业化地对待流程与质量；不能像尼姑面对青灯一样，冷静而严肃地面对流水线，每天重复数千次，次次一样的枯燥动作。没有自我批判，克服中国人的不良习气，华为就不能把产品造到与国际一样的高水平，甚至超过同行。华为这种与自身斗争，使自己适应如日本人、德国人一样的工作方法，为公司占有市场打下了良好基础。如果没有这种国际接轨的高质量，华为就不会生存到今天。”

在2000年发表的名为《华为的冬天》的文章中，任正非也强调了自我批判的重要性，他说："华为倡导自我批判，但不提倡相互批评，如果批判火药味很浓，就容易造成队伍之间的矛盾。而自己批判自己的时候，人们不会自己对自己下猛力，而会手下留情。即使用鸡毛掸子轻轻打一下，也比不打好，多打几年，就会百炼成钢。"

俗语说，"严于律己，宽以待人"。任正非要求下属自我批评，在提高凝聚力的同时也避免了错误的发生，公司也因此取得了快速发展。任正非是拥有大智慧的人，他明白财富的得来不能仅凭商业手段，更要有崇高的思想智谋。前者得来的可能是小钱，后者获得的却是大财富。每一个梦想富有的人应在奋斗的路上时时自省，除去阻碍前进的障碍，财富之路才会愈发平坦。

老子鉴于当时扰攘纷夺的社会风气，告诫领导者应该像溪谷一样，处下不争、包容谦下。领导者在认识"道"、因循"道"、实践"道"的过程中，要保持内外一致，对外要运用智慧之光来应对，对内要反省自己、节制贪欲，复归内心的澄明之境。这样，才不会给自己带来危害。领导者应该"知雄守雌"，"守雌"含有持静、处后、守柔的意思，就是说领导者要居于最恰当的地方而建立对于全局境况的掌握。

依靠强大影响力进行无为管理

老子把统治者划分为四个层次：最好的统治者，人民不知道有他的存在；其次一等，人民亲近并赞美他；再次一等，人民害怕他；最次一等，人民轻侮他。统治者如果诚信不足，那人民就不会信任他。统治者应该悠闲自如，不要随意发号施令。这样才能功业成功、事情顺遂，百姓们都说："我们本来就是这样的啊。"

领导的最高层次是"太上"，是老百姓不知道有这个统治者。这是领导艺术的最高境界，值得企业家借鉴。一位懂得"无为而治"的企业领导，不是要让自己拥有多么大的威权，前呼后拥不是企业家的做派。他不仅仅要实现利润的最大化，还要让所有员工都回归到人的本性上去，发自真心地感到快乐，让他自由发挥自己的聪明才能，为企业创造价值的同时实现自己的人生价值。沃尔玛的公仆式领导一直都很有名。

早在创业之初，沃尔玛公司创始人山姆·沃尔顿就为公司制定了三条座右铭：顾客是上帝、尊重每一个员工、每天追求卓越。沃尔玛是"倒金字塔"式的组织关系，这种组织结构使沃尔玛的领导处在整个系统的最基层，员工是中间的基石，顾客放在第一位。沃尔玛提倡"员工为顾客服务，领导为员工服务"。沃尔玛的这种理念极其符合现代商业规律。对于现今的企业来说，竞争其实就是人才的竞争，人才来源于企业的员工。作为企业管理者只有提供更好的平台，员工才会愿意为企业奉献更多的力量。上级很好地为下级服务，下级才能很好地对上级负责。员工好了，公司才能发展好。企业就是一个磁场，企业管理者与员工只有互相吸引才能凝聚出更大的能量。

但是，很多企业看不到这一点。不少企业管理者总是抱怨员工素质太低，或者抱怨员工缺乏职业精神，工作懈怠。但是，他们最需要反省的是，他们为员工付出了多少？作为领导，他们为员工服务了多少？正是因为他们对员工利益的漠视，才使很多员工感觉到企业不能帮助他们实现自己的理想和目标，于是跳槽离开。

这类企业的管理者应该向沃尔玛公司认真学习。沃尔玛公司在实施一些制度或者理念之前，首先要征询员工的意见："这些政策

或理念对你们的工作有没有帮助？有哪些帮助？”沃尔玛的领导者认为，公司的政策制定让员工参与进来，会轻易赢得员工的认可。沃尔玛公司从来不会对员工的种种需求置之不理，更不会认为提出更多要求的员工是在无理取闹。相反，每当员工提出某些需求之后，公司都会组织各级管理层迅速对这些需求进行讨论，并且以最快的速度查清员工提出这些需求的具体原因，然后根据实际情况做出适度的妥协，给予员工一定程度的满足。

在沃尔玛领导者眼里，员工不是公司的螺丝钉，而是公司的合伙人，他们尊崇的理念是：员工是沃尔玛的合伙人，沃尔玛是所有员工的沃尔玛。在公司内部，任何一个员工的名牌上都只有名字，而没有标明职务，包括总裁，大家见面后无须称呼职务，而是直呼姓名。沃尔玛领导者制定这样制度的目的就是使员工和公司就像盟友一样结成了合作伙伴的关系。沃尔玛的薪酬在同行业中不是最高的，但是员工却以在沃尔玛工作为快乐，因为他们在沃尔玛是合伙人，沃尔玛是所有员工的沃尔玛。

在物质利益方面，沃尔玛很早就开始面向每位员工实施其“利润分红计划”，同时付诸实施的还有“购买股票计划”“员工折扣规定”“奖学金计划”等。除了以上这些，员工还享受一些基本待遇，包括带薪休假，节假日补助，医疗、人身及住房保险等。沃尔玛的每一项计划几乎都是遵循山姆·沃尔顿先生所说的“真正的伙伴关系”而制定的，这种坦诚的伙伴关系使包括员工、顾客和企业在内的每一个参与者都获得了最大程度的利益。沃尔玛的员工真正地感受到自己是公司的主人。

到这里，所有人都会明白沃尔玛持续成功的根源。沃尔玛这一模式使很多企业深受启发。在国内，有一家饭店企业把沃尔玛当做学习的榜样，“没有满意的员工，就没有满意的顾客。”饭店管理者把这句话当做是企业文化理念的精髓。饭店拥有员工近400人，除大部分为正式员工外，还有少部分为外聘人员，饭店领导首先为他们营造的是一个平等的工作环境与空间，一旦发现了人才，无论是正式员工与否，都给予鼓励与培养。每年的春节，饭店高级管理人员都要为员工亲手包一顿饺子，并为员工做一天的“服务员”。每年，饭店还要对有特殊贡献的员工进行晋级奖励，目前得到晋级奖励的员工已占到全体员工总数的10%。饭店还定期组织员工外出旅游，节假日举办联欢会。如同沃尔玛取得的辉煌业绩一样，一分爱一分收获，领导的良苦用心得到了回报。由于该饭店员工的素质一流，几乎所有的宾客都能享受到“满意＋惊喜”的服务。他们对此赞不绝口，饭店生意红红火火。

企业进行无为管理最大的障碍是企业人员的素质。道家思想特别强调个人的修养所倡导的清静无为、致虚守静、柔弱如水、无私不争等，这些都是现代企业领导者修养的最佳参照。无为管理的特点是把管理的无形作为体现在有形作为之中。无为管理要取得实效，要求管理者具备强大的人格影响力。而人格影响力只能从管理者的自身修养中得来。

引导下属进行良性竞争

水可以洗涤污垢，带来洁净与清新，持正治身，无心无为，合乎道性，一切都在正确的自然法则之中。管理者应效法水德，循道遵理，秉规持范，知时达物，治理有方，使团队得到良性发展。

管理者如何做到“政善治”呢？“以正治国，以奇用兵。”人力资源管理相当于治国，而非对外用兵，因此要以“正”治。在人力资源管理中的“以正治国”就要遵循“万物负阴而抱阳，中气以

为和”的规律，采用中和之道。“和”是通过互相调和而达到和谐的意思。对人力资源管理而言，做到“中和”，就意味着善于抓住企业员工的心理特征、个性差异，调节员工之间的矛盾，使其达到一种和谐、统一、极具凝聚力的态势，使蕴藏在人力资源中的潜能与优势最大限度地得到发掘，同时彻底消除那些耗散人力的内部因素。每个领导者都明白下属之间总会存在竞争，但竞争分为良性竞争和恶性竞争，良性竞争可以提高下属的工作热情，提升工作业绩。恶性竞争会破坏组织成员之间的合作，造成“内耗”，严重的甚至会导致优秀人才的流失。要更好地激励下属工作，领导者就要遏制下属之间的恶性竞争，积极引导下属的良性竞争。心理学家认为，每个人都有自尊心和自信心，其潜在心理都希望“站在比别人更优越的地位上”，或“自己被当成重要的人物”，从心理学上来说，这种潜在心理就是自我优越的欲望。有了这种欲望之后，人类才会努力成长，也就是说这种欲望是构成人类干劲的基本元素。

这种自我优越的欲望，在有特定的竞争对象存在时，其意识会特别鲜明。

只要能利用这种心理，并设立一个竞争的对象，让对方知道竞争对象的存在，就一定能成功地激发起一个人的干劲。

被称为现代科学管理之父的德里克·泰勒在费城米德维尔钢铁厂当工程师时，管理自己的下属，就是用了“竞争”的方法。有一次他对一个一向很努力的熟练工人说：“杰克，为什么我叫你做的一件工作这么慢才做出来呢？你为什么不能像汤姆那样快呢？”

他对汤姆却这样说：“汤姆，你为什么不以杰克为榜样，像他那样做事很快呢？”

过了不久，汤姆因为公事出外旅行刚回来，泰勒便留下一张纸条叫他做好一个铸件，马上送到铁道开关及信号制造厂去。这个条子是星期六写的，但是星期日早上汤姆便把这件事办好了。星期日早晨，泰勒在制造厂里看见了汤姆便问："汤姆，你看见我留下的纸条了吗？"

"看见了。"

"你何时去铸呢？"

"已经铸了。"

"啊，什么时候可以铸好呢？"

"已经铸好了。"

"真的吗？现在在哪里呢？"

"已经送到制造厂里去了。"

泰勒听了十分高兴。他看到这种用竞争的方法激励工头赶快做事的效果如此之好，实在感到很惊奇。而对汤姆来说，他看见上司泰勒那种嘉许的态度，自己也感觉非常快乐。

有时，竞争对象是不容易找到的，这时，你可以"设立"一个"竞争对象"。对于没干劲的下属，只要告诉他："你和A先生两个人，成功是指日可待的。"就等于暗示了他竞争对手的存在。

日本有一家铸造厂的经营者经营了许多工厂，但其中有一个厂的效益始终徘徊不前，从业人员也很没干劲，不是缺席，就是迟到早退，交货总是延误。该厂产品质量低劣，使消费者抱怨不迭。虽然这个经营者指责过现场管理人员，也想尽办法，想激发从业人员的工作士气，但始终不见效果。

有一天，这个经营者发现，他交代给现场管理员办的事，一直没有解决，于是他就亲自出马了。这个工厂采用昼夜两班轮流制，他在夜班要下班的时候，在工厂门口拦住一个作业员，他问："你

们的铸造流程一天可做几次？”作业员答道：“6次。”这个经营者听完，一句话也不说，就用粉笔在地上写下“6”。紧接着早班作业员进入工厂上班，他们看了这个数字后，竟改变了“6”的标准，做了7次铸造流程，并在地面上重新写上“7”，到了晚上，夜班的作业员为了刷新纪录，就做了10次铸造流程，而且也在地面上写上“10”。过了一个月，这个工厂变成了他所经营的厂中成绩最高的。

这个经营者仅用一支粉笔，就提高了工厂的士气，而员工们突然产生的士气是从哪里来的呢？这是因为有了竞争的对手所致。作业员做事一向都是拖拖拉拉，毫不起劲，可在突然有了竞争的对象后，就激发起了他们的士气。

让下属被动地服从去实施决策目标，带来的结果只能是低效，甚至无效、负效。只有想方设法激励他们主动地去干，才能充分发挥人的主动性、创造性，获得高效益。

由此可见，良性竞争对于组织是有益处的，它能促进员工之间形成你追我赶的学习、工作气氛，大家都在积极思考如何提高自己的能力、如何掌握新技能、如何取得更大的成绩……这样一来公司组织成员之间的凝聚力和工作热情就会大大提高。

不要过多干预下属的工作

一位在某超市工作了20年的总经理，在总结自己如何以高效率管理上千名员工时说：“什么是管理？管理就是借助别人的手去完成任务。管理者要想提高工作效率，就必须学会将日常的事务交给下属去完成。如果一个领导者总是对下属的能力持怀疑态度，迟迟不肯把任务交给他们，那么他就永远也无法证明自己的工作能力。”

在现实中，我们经常看到许多忙忙碌碌的领导，就和热锅上的蚂蚁一样，每天忙得团团转，可是却不见成效。其实，他们已经陷入了一种不可自拔的漩涡：干得越多，就越是有更多的工作需要自己亲手去做；忙得越厉害，就感觉越来越忙。因为，他们总是担心自己下属做不好工作，总是担心失去对下属的控制，总是认为只有自己才知道如何干，所以不得不一次又一次地去亲自做。相反，如果能给予下属足够的信任，把任务交给下属去完成，并且为下属提供自由的空间，就可以使自己摆脱那些繁琐的日常事务。

《吕氏春秋》记载，孔子弟子子齐，奉鲁国君主之命去做地方官，但是，子齐担心鲁君听信小人谗言，从上面干预，使自己难以放开手脚工作，充分行使职权，发挥才干。于是，在临行前，主动要求鲁君派两个身边近臣随他一起去上任。

到任后，子齐命令那两个近臣写报告，他自己却在旁边不时去摇动二人的胳膊肘，捣他们的乱，使得字写得不工整。然后，子齐就对他们发火，二人又恼又怕，请求回去。二人回去之后，向鲁君报怨无法为子齐做事。鲁君问为什么，二人说：“他叫我们写字，又不停摇晃我们的胳膊。字写坏了，他却怪罪我们，大发雷霆。我们没法再干下去了，只好回来。”

鲁君听后长叹道：“这是子齐劝诫我不要扰乱他的正常工作，使他无法施展才干呀。”于是，鲁君就派他最信任的人对子齐传达他的旨意：“从今以后，凡是有利于国家的事，你就自决自为吧。五年以后，再向我报告。”

子齐郑重受命，从此得以正常行使职权，发挥才干，政绩突出。

这就是著名的“掣肘”的典故。

后来孔子听说此事，赞许道：“此鲁君之贤也。”

古今道理一样。领导者在用人时，要做到既然给了下属职务，就应该同时给予其职务相称的权力，放手让下属去干，不能大搞“扶上马，不撒缰”，处处干预，只给职位不给权力。

北欧航空公司董事长卡尔松大刀阔斧地改革北欧航空系统的陈规陋习，就是靠充分放权，给部下充分的信任和活动自由。开始时，他的目标是要把北欧航空公司变成欧洲最准时的航空公司。但他想不出该怎么下手。卡尔松到处寻找，看到底由哪些人来负责处理此事，最后他终于找到了合适的人选。于是他去拜访他：“我们怎样才能成为欧洲最准时的航空公司？你能不能替我找到答案？过几个星期来见我，看看我们能不能达到这个目标。”几个星期后，他们按约见面，卡尔松问他：“怎么样？可不可以做到？”他回答：“可以，不过大概要花6个月时间，还可能花掉你150万美元。”卡尔松插嘴说：“太好了，说下去。”因为他本来估计要花更多的钱。那人吓了一跳，继续说：“等一下，我带了人来，准备向你汇报，我们可以告诉你到底我们想怎么干。”卡尔松说：“没关系，不必汇报了，你们放手去做好了。”大约4个半月后，那人请卡尔松去，并给他看几个月来的成绩报告，当然已使北欧公司成为欧洲第一。但这还不是他请卡尔松来的唯一原因，更重要的是他还省下了150万美元经费中的50万美元，一共只花了100万美元。

卡尔松事后说：“如果我只是对他说：‘好，现在交给你一件任务，我要你使我们公司成为欧洲最准时的航空公司，现在我给你200万美元，你要这么这么做。’结果怎样，你们一定也可以预想到。他一定会在六个月以后回来对我说：‘我们已经照你所说的做了，而且也有了一定进展，不过离目标还有一段距离，也许还需花90天左右才能做好，而且还要100万美元经费。’可是这一次这种拖拖拉拉的事却不曾发生。他要这个数目，我就照他要的给，他顺顺利利地就把工作做好了。”

无论是鲁君，还是北欧航空公司的卡尔松，他们的言行都印证了这样一个道理：领导者用人只给职不给权，事无巨细都由自己定调、拍板，实际上是对下属的不尊重、不信任。这样，不仅使下属失去独立负责的责任心，还会严重挫伤他们的积极性，难以使其尽职尽力。所以，放手让你的下属去施展才华，只有当他确实违背你的工作主旨之时，你再出手干预，将他引上正轨。只有这样才能充分调动下属的积极性，提升他们的工作业绩，而你最终也将赢得下属的真心拥护。

第七章

多点包容，爱情才会走得更深更远

早一点宽恕，会避免悲剧的发生

这是令人羡慕的一对情侣，他们的故事让人深思，让人反省，让人无限感慨。

人非圣贤，孰能无过？惩罚从来就不能解决问题。婚姻是两个人共同经营的事业，如果出现了漏洞应当及时修补。否则，洞就会越来越大，最后让婚姻的大厦轰然倒塌。

有句俗话说："婚姻如饮水，冷暖自知。"当你原谅了对方时，困在你心里的囚犯便获得了自由。

如果你只是不断地怨恨，那么真正受折磨的人其实是你自己。因为怨恨是一种具有侵袭性的东西，使我们失去欢笑，损害我们的健康。怨恨，更多的是伤害怨恨者自己，而不是被仇恨的人。

"幸福的家庭是相似的，不幸的家庭各有各的不幸。"幸福的家庭中不能缺少包容，正因为包容，才让你爱的人感觉到了你的温情；正因为包容，家里充满着温馨的气氛；正因为包容，你们的爱情才会走得更深更远。

换位思考，走入他心灵的栖息之地

每天油盐酱醋茶，天天面对，少了激情，少了浪漫，少了先前相互之间的体贴。这种平淡让你错以为自己不再爱对方，于是燃烧起爱上他人的火焰，可是到头来才觉醒"蓦然回首，那人却在灯火阑珊处"。

每个人都期盼能和生命中的另一半演绎一场轰轰烈烈的爱情，然后在漫长的生活中成为能读懂自己的知己。但是，生活久了，你会发现，在这个世界能找个心心相印的异性非常不容易，找个一辈子相依相守的伴侣更是难上加难。

有时候，我们也不该总是对别人寄托太多的期望，总是要求别人去为你做事，体贴你，照顾你，这样，时间久了，自然会给对方带来很大的心理压力，同时也可能会产生逆反心理。试着从对方的角度想一想，从对方的角度出发，你就会发现，原来很多时候的争吵，都是不值得的。你的心里多了一分理解，你的生活也就多了一分甜蜜。

猜疑、嫉妒是咬噬爱情之树的蛀虫

诗人纪伯伦曾说："恋爱和疑忌是永不交谈的。"

100 多年前，拿破仑三世，即巨人拿破仑的侄子，爱上了全世界最美丽的女人——特巴女伯爵玛利亚·尤琴，并且和她结了婚。

他们拥有财富、健康、权力、名声、爱情、尊敬——是一个十全十美的浪漫史。他的爱情从未像这一次燃烧得这么旺盛、狂热。

不过，这样的圣火很快就变得摇曳不定，热度也冷却了——只剩下了余烬。拿破仑三世可以使尤琴成为一位皇后，但不论是他爱的力量也好，帝王的权力也好，都无法阻止这位法西兰女人的猜疑和嫉妒。

由于她具有强烈的嫉妒心理，竟然藐视他的命令，甚至不给他一点私人的时间。当他处理国家大事的时候，她竟然冲入他的办公室里；当他讨论最重要的事务时，她却干扰不休。她不让他单独一个人坐在办公室里，总是担心他会跟其他的女人亲热。

她常常跑到她姐姐那里，数落她丈夫的不好。她会不顾一切地冲进他的书房，不停地大声辱骂他。拿破仑三世虽然身为法国皇帝，拥有十几处华丽的皇宫，却找不到一个安静的地方。

尤琴这么做，能够得到些什么？莱哈特的巨著《拿破仑三世与尤琴：一个帝国的悲喜剧》中这样写道：

“于是，拿破仑三世常常在夜间，从一处小侧门溜出去，头上的软帽盖着眼睛，在他的一位亲信的陪同之下，真的去找一位等待着他的美丽女人，再不然就出去看看巴黎这个古城，放松一下自己压抑的心情。”

的确，尤琴是坐在法国皇后的宝座上，也是世界上最美丽的女人。但在猜疑和嫉妒的毒害之下，她的尊贵和美丽并不能保持住她那甜蜜的爱情。

人们常说，恋爱中的人们，智商趋近于零，特别是热恋中的人。

恋人中最为常见的两种表现是嫉妒和猜忌过重，这两种心态，不仅影响爱情的顺利发展，同时也关涉到个人形象问题，它直接损害一个人的自我形象，是有损于爱情生活的。因此，每一个恋爱中的人，都要警惕这两只咬噬爱情之树的蛀虫。

重新接纳悔过的爱人

什么是爱？爱就是无限的宽容。如果你还爱着他 / 她，为什么不能原谅他 / 她曾经的过错，接纳悔过的爱人呢？

人们常用“好马不吃回头草”来形容失去爱情后的立场。说这种话的人其实是不懂得爱情真谛的人。他们考虑的可能是面子问题、

志气问题，因此对方回心转意了，你虽然也还爱着她，却由于死要面子不肯再接受她，结果落得个两地相思劳燕分飞，这就是死要面子的结果。

枫和丽在大学就是恋人。丽不仅身材漂亮，而且风雅别致，富于幻想。枫是班长，文采极佳。他们经过了一段浪漫的交往之后，毕业时双双南下，各自找到了适于自己施展才能的单位。一年后他们通过分期付款的形式买了一套住房。也就是在这时，家庭的小舟不知是哪儿出现了毛病，竟不再向前行驶。他们冷战，然后离婚。当两人打车去办理处的时候，心里都很难受，但事情已经闹到这个地步了，两人还是签了字。

离婚后，枫没结婚，丽也没有找朋友，尽管他们都还很年轻。有一次丽的妈妈发现女儿躲在房间里哭，就叹了一口气："真是冤家呀！你还挂念着他吧！干脆，我牺牲自己的老脸，去帮你说说？"没想到丽却说什么也不肯："哪有女方主动的呀！"枫的日子也不好过，他总会想起丽来，一个人躲在家里喝闷酒。一个朋友打趣说："枫！你不是打算和丽复合吧？好马可是不吃回头草的呀！"被说中了心事的枫微怒起来："谁说我要回头的？下辈子也别想！"这句话不知怎么就传到了丽的耳朵里，半年后，丽结婚了，那一天，枫跑到海边大哭了一场。

"好马不吃回头草！"这句话不知使多少人丧失了找回真爱的机会。太多的人在面临感情的反复时，往往意气用事，明知心中还喜欢对方，却硬要强撑"骨气"，不肯低头，不肯回头。其实，在面临回不回头的关卡时，你要考虑的不是面子问题和志气问题，而是现实问题。如果你还爱她，如果你还留恋那段美好的感情，为什么不"回头"去试试呢？

如果你还爱着他/她，何苦要为所谓的“面子”所累，理会别人的议论和想法呢？幸福是自己的，只要那“草”的确适合自己，真正的“好马”是不会在意“回头”与否的，因为不“回头”才是真正的遗憾！

在爱情的天平上，迁就等同于包容

婚姻是人生最重要的结盟。它是心、身与经济的联系，家庭就是最佳的智囊团，当一对夫妇心灵肉体一致、目标一致时，这个无价的结合可以令他们飞向无限的高峰。

每一个成功男人的背后都有一个女人。

中国香港金王胡汉辉正是这样一位成功而幸运的男人。

胡汉辉与太太杨铭榴在抗日救亡运动中相识后，俩人感情日益深厚。每每讲起自己的太太，胡汉辉就立即变得眉飞色舞。

“我老婆好迁就我。我中意游泳，她不会，就猛学。暑期日日去金银贸易场泳棚苦练。”“我家里，除了我再没人吃辣子，但是我就中意川菜，于是她又去学，专煮川菜，同咖喱一起给我吃。她完全适应着我的嗜好。”

那时，胡太太从“汉文师范”毕业以后，一直在学校教书，后来又做中国香港的职业学校的女校长，对教育事业很有感情。但胡汉辉的业务日益庞大，便向太太求助，要她先别教书来帮帮忙。“这样她连退休金都不要，辞了职就来帮我。”

除了这些为了丈夫事业的“牺牲”外，她对胡汉辉事业也有过不小帮助。

胡汉辉是在广州读的书，起初英文知识很有限，而杨铭榴是中

国香港的高才生，所以起初胡汉辉与外商谈判时，身边总少不了太太“保驾”，久而久之，她便成了金王得力的外交大臣。胡汉辉大发后，她与以前一样，一点没有阔太太的架子，不但持家朴素，上班也依旧坐公交车，也很少披金挂银。

胡汉辉就在事业如日中天时因病去世，可以令他含笑九泉的是，他的太太继承了他的事业，并把他的事业推上了一个更高的台阶。

在婚姻中，互相迁就是维系婚姻关系的一项重要原则。对对方的迁就其实也是对对方的一种尊重与欣赏，是相互之间的体谅。这样的婚姻能令双方都有愉悦的心情工作与生活。

中国自古崇尚夫妻间的相敬如宾，举案齐眉，讲的就是夫妻间能够做到相互体谅，互相尊重。很多男人都希望自己的妻子能够有助于自己的发展，即使不能给自己带来多大的事业推动，至少也不能拖自己的后腿。作为女人，最能体现她的气度与智慧的就是对丈夫的迁就。迁就丈夫，为他的创造良好的家庭环境，让他在回到家中时能完全放松身心，对他的事业是一项重要的助力。

话虽如此，女人在迁就男人的同时，应该保持一定的自我原则，不可事无对错都一味忍让。盲目服从的爱情并不能称其为伟大的爱情，真正的爱情是相爱双方有原则的妥协与体谅，单方面的牺牲，只能造成单方面的爱。

在婚姻里，很多事情分不清对错，但还是要为对方想一想，不要因为自己的任性或是奢华而破坏家庭的幸福。婚姻是爱情的归宿，我们都要学会经营，从心底学会善待对方。女人嫁给一个爱自己的人是幸福的。在他面前撒娇、扮痴的同时，请不要忘记为他建设一个心灵的栖息地，让他能够感受到有你的快乐。

爱情需要善意的谎言

爱人之间理应真诚相待，来不得虚伪和欺骗，但如果每件事都得实言相告，每一句话都不得掺半点假，则不仅不能为爱情增添欢乐，反而还会使原本和睦温馨的关系出现裂痕。

有些不太聪明的男人，在遇到某些与前女友扯上关系的事情时，会情不自禁想起她的“坏”，同时还直言不讳地讲给“现任女友”听，这无疑会给“现任女友”造成心理阴影。

如果他说旧恋人的“好”，则“现任女友”的心理反应是：“为什么你又爱我？”同时，在这心理发展之下，此男人将会碰到许多的麻烦，日后也不会安宁。

过去的恋情不应该告诉你的恋人，属于过去恋情的痕迹也不应该出现于恋人的眼前。该隐瞒的时候就要隐瞒。

不管对于恋人信任到多么可靠的程度，有好些事情，如果没有说的必要，最好让它永远成为秘密，这当然是为着彼此安静的缘故。

有必要的时候，我们不仅要隐瞒，更要为爱情而编织谎言，这往往能收到很好的效果。恋爱中的男女之间，谎言的作用更是好比润滑剂一般。

“每次和你约会时，总是在衣柜里翻半天，老觉得每件衣服都不好看，真觉得自己有点发神经了……”这种谎言，是一种俏皮、可爱的谎言，更深远的意思，已经在无言中流露出来了，对方必定会为你所动。

有的女性会为自己的男友着想，担心对方的经济能力不够，因此，在约会的时候说：“不知道怎么回事，我对出租车有畏惧感。”或“每次坐在高级餐厅或咖啡厅时，我总觉得浑身不自在，似乎那

种地方太过于庄严，不适合我这个土包子。说起来，我还是喜欢坐在阳台上欣赏夜色，吃自己煮的面，这样比较没有拘束感。”若对方真的没有充裕的经济能力，听到这些话，一定会为女方的温存体贴而感动。

和恋人在一起谈话时，为了留给对方好印象，应想办法修饰自己。例如，在讨论学术方面，谈到了某先生的书，事实上你只读过他写的两本书，可是知道这位先生出了五本书，这时，你不妨说：“我曾看过他写的五本书，每本都写得很精彩。”那你在对方心目中的地位，无形中就提高了。不过，要注意的一点是，在你讲过这句话之后，应尽快利用时间，到书店将其他三本书买回去，仔细阅读。如此，才不会露出马脚，同时也可以增加知识。

因而，在不涉及大局，无关“宏旨”的一些琐事上，有时不妨以“谎言”来营造一种温情脉脉的氛围。

偏见会折断丘比特的翅膀

二十几岁是女人一生最幸福的时候，在这个时候我们大多会遇到适合自己的他，然后与他携手一起步入婚姻的殿堂。俗若说“家和万事兴”，家庭和睦了，你才会有精力专心于你的事业，但是，当感情发展到要谈婚论嫁的时候，一定要谨慎地做出自己最后的决定，不要信奉什么择偶标准之类的话，要去除常见的选择偏见。

女人的认识往往受到过去经验、社会传闻以及在此基础上形成的社会心理结构的影响和干扰。选择恋爱对象也是一样，社会评价、他人的选择标准、从传闻中获取的爱情知识和对方信息都会严重影响女人的眼光。在不能正确对待并且不能排除干扰的情况下，许多女人就会有一些选择偏见。

1. 社会刻板印象

在选择对象时，有很多女人凭刻板印象办事。有人曾给一位女孩介绍对象，她一听到对方是位中学教师，就表示不同意。她说，教师的生活单调、清苦，办事没有优越感。这纯粹是陈旧的社会刻板印象。随着社会爱科学、学科学、用科学和尊重知识、尊重人才的风气的形成和发展，教师的角色内容发生了根本变化。那位被介绍的中学教师，恰恰是一位兴趣广泛、才华横溢、颇受学生尊敬的现代青年，并不是人们所想象的“夫子”。女孩死抱陈腐的刻板印象不放，错过了好姻缘。

2. 第一印象

有些女人可能会根据同别人见面时，第一眼看到对方的形象和风度，或第一次与对方谈话留下的印象的好坏来判断男人，而对男人的评价又决定着择偶的方向。如果对方给自己的第一印象不错，比如长相好、有气派、有风度等，那这个男人很可能成为“候选人”；相反，如果第一印象很差，那就会马上刹车。可是如果仅凭第一印象就给对方下定义，很可能会错过一段很好的姻缘。

3. 先入为主的印象

女人在选择对象时，往往受先入为主的印象的影响，尤其是通过“红娘”牵线的恋人。因为“红娘”会在两人见面之前吹嘘一番，激发两人相会。这样，两人各自都有了关于对方的先入为主的印象。有的女人因为对某男有了不好的先入印象，就不想同对方见面，或见面之后，只注意到其弱点而失去兴趣；相反，有的女人则因为事先有比较好的先入印象，在两人的接触和交往中，戴着有色眼镜看人，只注意对方的优点和长处，而忽略其弱点和缺陷。因此，先入印象的好坏直接影响女人对男人认知、交往的可能与效果。没有主

见的女人容易受先入印象的影响，因为她们容易接受、相信社会舆论和受他人左右。

有一个女人听到朋友们经常议论一位男青年。人们对他的赞赏使她对这个男子产生了爱慕之情，就贸然去求爱，并闪电式地结婚了。可是婚后她发现自己的丈夫只有在姑娘面前才表现好，在其他场合则不然，而且他懒惰、粗暴和武断。此时，她才觉得自己看走眼了。

因此，女人在选择对象时，一定要睁大眼睛，仔细观察和了解。特别是要在与对方的直接交往中认识对方，而不能偏信人言，人云亦云。要把自己的实地考察和直接交往的体会与别人的意见相结合。

"男才女貌"是封建社会中"门当户对"的婚姻标准的一个辅助条件。在当今社会中，二十几岁的女人应该选择志同道合、情意相投的男人为自己的终身伴侣，千万不要让"偏见"左右你的视线。

忍耐让爱情之花更艳丽

一对情侣在咖啡馆里发生了口角，互不相让。然后，男孩愤然离去，只留下他的女友独自垂泪。

心烦意乱的女孩搅动着面前的这杯清凉的柠檬茶，泄愤似的用匙子捣着杯中未去皮的新鲜柠檬片，柠檬片已被她捣得不成样子，杯中的茶也泛起了一股柠檬皮的苦味。女孩叫来侍者，要求换一杯剥掉皮的柠檬泡成的茶。

侍者看了一眼女孩，没有说话，拿走那杯已被她搅得很浑浊的茶，又端来一杯冰冻柠檬茶，只是，茶里的柠檬还是带皮的。原本就心情不好的女孩更加恼火了，她又叫来侍者，“我说过，茶里的柠檬要剥皮，你没听清吗？”她斥责着侍者。

侍者看着她，他的眼睛清澈明亮，“小姐，请不要着急，”他说道，“你知道吗，柠檬皮经过充分浸泡之后，它的苦味溶解于茶水之中，将是一种清爽甘洌的味道，正是现在的你所需要的。所以请不要急躁，不要想在3分钟之内把柠檬的香味全部挤压出来，那样只会把茶搅得很浑，把事情弄得一团糟。”

女孩愣了一下，心里有一种被触动的感觉，她望着侍者的眼睛，问道：“那么，要多长时间才能把柠檬的香味发挥到极致呢？”

侍者笑了：“12个小时。12个小时之后柠檬就会把生命的精华全部释放出来，你就可以得到一杯味美到极致的柠檬茶，但你要付出12个小时的忍耐和等待。”

侍者顿了顿，又说道：“其实不只是泡茶，生命中的任何烦恼，只要你肯付出12个小时的忍耐和等待，就会发现，事情并不像你想象的那么糟糕。”女孩看着他，似乎没有琢磨透侍者的话。

侍者又微笑着说：“我只是在教你怎样泡制柠檬茶，随便和你讨论一下用泡茶的方法是不是也可以泡制出美味的人生。”说完，侍者鞠躬离去。

女孩面对一杯柠檬茶静静沉思。女孩回到家后自己动手泡制了一杯柠檬茶，她把柠檬切成又圆又薄的小片，放进茶里。

女孩静静地看着杯中的柠檬片，她看到它们慢慢张开来，好像有晶莹细密的水珠凝结着。她被感动了，她感到了柠檬的生命和灵魂慢慢升华，缓缓释放。

12个小时以后，她品尝到了她有生以来从未喝过的最绝妙、最美味的柠檬茶。

女孩明白了，这是因为柠檬的灵魂完全深入其中，才会有如此完美的滋味。

门铃响起，女孩开门，看见男孩站在门外，怀里的一大束玫瑰娇艳欲滴。

“可以原谅我吗？”他讷讷地问。

女孩笑了，她拉他进来，在他面前放了一杯柠檬茶。

“让我们有一个约定，”女孩说道，“以后，不管遇到多少烦恼，我们都不许发脾气，定下心来想想这杯柠檬茶。”

“为什么要想柠檬茶？”男孩困惑不解。

“因为，我们需要耐心等待12个小时。”

中国人做人向来提倡“以忍为上”“吃亏是福”，这是一种玄妙高深的处世哲学。女性的心很柔。这种柔情使女性在很多事情上都能够忍让，做到善解人意。生活中很多事情都不是一定要探寻出究竟的，事情发生了，可能碰触到了你的利益或者心灵，忍一忍，让一让，也就过去了，没有必要一定揪着对方不放手，何况身处爱情之中的我们本身就是为了享受快乐与幸福，因一时的气愤冲动毁了爱情之花，那便是得不偿失了。

生活中难免有矛盾，关键要看你的态度。如果你选择忍耐，许多时候就能少一份纷争，多一份宁静。忍耐浇灌的玫瑰花会更艳丽。

没有堤坝的河流，迟早会干涸

小丽和丈夫结婚十年了，俗话说，七年之痛，十年之痒，他们的婚姻却依旧平平淡淡的。丈夫是个懒散而不浪漫的人，他不

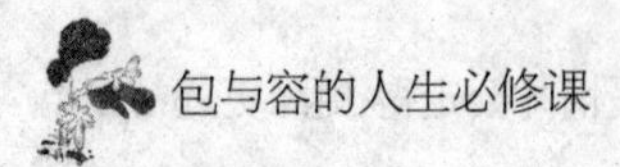

懂得在情人节买玫瑰给小丽，也不懂得在生日时买礼物给她，更不会说甜言蜜语逗她开心，但是他懂得家是什么，懂得婚姻沉甸甸的责任。

一位作家说："如果说婚姻是河流的话，那么责任便是这条河流的堤坝，没有责任的婚姻，就如没有堤坝的河流一样，迟早会干涸。"

在婚礼上，当新郎给新娘戴上结婚戒指的时候，牧师都会按照惯例问道："无论生病或健康、富有或贫穷，你都愿意爱她、关心她、照顾她，直到离开这个世界为止吗？"这句话告诉人们，责任与爱是婚姻的基础，如果没有责任，爱就会枯萎。

婚姻的责任就是投入到对方的怀抱里，两颗心贴在一起变成一颗心；家庭的责任是要为对方作出奉献，使对方感受到自己的努力使他（她）获得了幸福、健康和安宁。

得失与共，荣辱同当。每当他（她）失意的时候也正是你落魄的时候，每当你露出微笑的时候也正是他（她）开心的时候，这才是真情。

爱情和婚姻不是某个人付出，某个人享受，而是两个人的事情。当遭受不幸时，我们都能够在风雨中继续前行，这是因为有爱，有了爱的滋润我们才能够坚持到最后。不要总是抱怨对方给予自己的太少，因为既然相约一起走，不论是苦是累，还是幸福和甜蜜，我们都要一起承担一起分享。

爱一个人并不是简单的喜欢，而是有着为他着想的心，既然选择了，就要努力和他（她）一起承担。

爱情与婚姻是家庭的纽带，家庭是爱情与婚姻的摇篮，责任是家庭的支柱，是爱情与婚姻经久不衰、摧打不折的力量与源泉。

长相守才能长相知，长相知才能不相疑。不论何时，夫妻都该如此，共同承担家庭的责任。

有人说："情如鱼水是夫妻双方最高的追求，但是我们都容易犯一个错误，即总认为自己是水，而对方是鱼。"自私者是无法获得和谐家庭的。只有共同承担了，才可能在收获硕果的时候，一起欣慰地笑。

爱情需要有温柔的滋润

挖苦和讽刺并没有使婚姻变得幸福，相反，只会使婚姻走向死亡。不过下面的这位夫人，却为我们上了一堂生动的婚姻课。

法国著名微生物学家路·巴斯德，在他27岁时，写信给洛郎先生，向他女儿玛丽小姐求婚。他在信里坦率地说：他家境贫寒，没有财富，自己算是一个穷汉。同时，他还给玛丽小姐写了一封求爱信，也说明自己很穷，并说："小姐，我要请求您，不要判断得太快。判断得太快是会犯错误的……"三个月后，巴斯德如愿以偿，和玛丽小姐结婚了。

结婚后，巴斯德夜以继日地工作着，忘却了一个丈夫的责任和应有的殷勤。巴斯德从事许多奇异的、似乎愚蠢的试验。巴斯德夫人，整夜地等候着，惊异着……巴斯德确实很穷，工作条件很差，没有助手，连一个洗瓶子的人都没有。巴斯德夫人总是温柔地坐在他的身旁。每晚，她坐在直背椅上，身靠小桌，为他记录科学论文……

巴斯德夫人所做的一切，使巴斯德深深感动，当他问及夫人，同他结婚是不是苦了她，她是不是后悔时，他夫人回答说："结婚前你已经告诉我这一切，我现在更了解了你的一切。”

了解，使巴斯德夫人理解了她丈夫的一切行动。渐渐地，他学会了摘记巴斯德记事簿里的潦草的速记，并整理成文。很快，她的生命也逐渐融入他的工作里去了。

巴斯德结婚后，没有给妻子带来更多的体贴、恩爱和富足，但是，他的夫人对他却那样忠诚，毫无怨言。这种温柔让巴斯德无比感激，也无比珍爱。他虽然还是很忙，但是在忙中总是偷闲来安慰自己的妻子。

爱情需要温柔而非责难，“柔能克刚”这是亘古不变的道理。可是在现实生活中，很多人都擅长责备，擅长给别人施压，而不乐于去用心理解，用心去温润彼此。

也许我们在对方面前表现得很强势，说的话也句句在理，可是对方在保持沉默的同时，一定会产生逆反的心理，甚至于以后不管发生了什么事情，都会刻意的回避我们，不跟我们说。时间久了，夫妻之间就会产生隔阂，甚至形成裂痕。

婚姻生活里，两个人都是平等的，如果一方总是习惯于指责，那么对方一定会觉得我们贪图的太多，或者对于爱情，我们已经感觉到了厌倦，一旦这样想，他就会对生活感觉到疲倦，从而有可能放弃掉了彼此之间的爱情。

只有温柔才能温润爱情，强硬的攻击只会让相爱的人彼此误会，彼此伤害。所以，要想两个人幸福地走在一起，就应该给对方一些理解和鼓励，而非连珠炮似的责难。

要“示弱”不要“示威”

在婚姻生活中，夫妻双方很容易出现争吵，它将会减少共同解决问题的可能，阻碍亲密关系的恢复和发展。年轻夫妻往往任性、好胜、以自我为中心。小两口闹意见、生闷气、谁也不理谁的情况很普遍。他们当中，又多是性格内向的一方首先进入无言的状态。当夫妻间的争吵转为“斗闷气”后，情况并不比相互争吵时的情况好。“冷战”时，双方都想向对方示威，你不理我，我就不理你，闹到无止无休。

冷战斗气中的夫妻，如果一个是“室内型”的人，一个是“室外型”的人。那情况还好些，一个在外面游荡，一个在家中干自己的事；如果两人都是“室外型”性格，那这个小家庭就有了危险；如果两人都属“室内型”的那类，那么日子过得无疑是十分别扭。就大多数夫妻而言，双方都不愿在冷战中打持久战，关键的问题是双方谁先示弱打破冷战的僵局。

示弱是一种境界，也是让爱情保鲜的好方法。不论是男人还是女人，在爱情面前都不要过分争强好胜。而应该慢慢修炼自己，让自己达到可以随时“示弱”的最高境界，实现夫妻“邦交”正常化。下面这几招示弱的小技巧对你应该能起到帮助作用。

1. 留有余地

当感情中的“冰点”降临时，被动的一方似可“好话一句待回音”。小两口吵架是常有的事，如果在争执当中，任何一方失去理智，说出“快滚吧，永远不要回来”之类的伤人话，甚至动不动就以“离婚”为由而损伤夫妻感情。如果当丈夫的觉得妻子要回娘家已成定局时，还可采取补救之计，如追妻至大门外：“你走了我怎么活！”“等一等。我去给你叫辆出租！”“就当今天是星期天吧，明天就回来！”如此，等等，话说到点子上，常能打动对方的心，即使她还是走了，但感觉总是不一样的，为她的回归留下了余地。

2. 电话沟通

夫妻生活在一起，家务事总是有的。上班时，你可打一个电话给对方，以有事相告相商来引发对话，如：“下班后我买菜，今天我外出办事，回去得早，怕你买重了东西。”“今天下班我回父母家看看，你有什么事吗？”“早上忘了说，今天晚上我的老同学要到家串门，晚饭做些什么好啊？”此种方法应考虑对方乐意接受的内容来讲，且又给对方发表意见的机会。电话交际，总比当面更从容些。

3. 来个意外惊喜

每天下班回来夫妻相见时，是个突破的好机会。你可制造一些“新闻”来表现出兴奋或热情，显得你被一些“大事或好事”影响得已经忘了结下的矛盾。如一进门就说：“太棒了，今天又发了200元奖金！”“老公，我大哥从海外来信了，不久就要回国了！”“今天上映的片子是超前独家放映的！”听到以上种种报喜，相信对方总是有所反应的。一次打不动对方，第二天再换个话题，一旦启开了配偶的“尊口”，冷战也就有了重大的转折。

4. 创造一个公众场合

冷战中的夫妻，想改变窘态的一方要创造一个多人在场的社交场合。如请自己或配偶的朋友来家做客，这时碍于脸面，夫妻间的冷战矛盾总要有所掩饰，和好欲较强的一方便可趁机与配偶套上近乎，搭上话，有意无意中引对方走出沉默的误区。再如，买两张电影票什么的，谎称是别人送的，约配偶去看场电影或参加个什么活

动，在谈论其他事情中恢复夫妻“邦交”正常化。

5. 示弱求助

早晨起床时，已经几天没与妻子说上一句话的丈夫问妻子：“你给我说好的那件红衬衣放到哪里啦？”早已想和丈夫恢复正常的妻子见有了台阶，忙着应声：“你这人呀，总像客人似的，衣服放在哪里都不清楚，我去给你拿来，噢，对了，前天还给你买了件新的，只是忘了告诉你。”“是吗，快拿来看，还是老婆心里有我，斗气也没忘了冷暖。”这一去一来话就多了。

在化解沉默中，女方“示弱”也是一小招。如早晨或晚上表现出不舒服、不想动、吃几片小药什么的，都能引出丈夫的话题。因为男人在关心妻子时开口，这绝不是屈从的表现，不会有损于他大丈夫的形象。

聪明的夫妇会去找方法令紧张局面和缓下来，以免火上浇油而失控。诚如一般人所说：“退一步海阔天空。”夫妻间的情感差别是很大的，各人的性格爱好千差万别，要学会相处，学会让步，学会宽容，学会正视现实，这样，夫妻就可以共同创造出幸福的婚姻。

站在对方的立场上才能传递温暖

在美国的一次经济大萧条中，90%的中小企业都倒闭了，一个名叫丹娜的女人开的齿轮厂的订单也是一落千丈。丹娜为人宽厚善良，慷慨体贴，交了许多朋友，并与客户都保持着良好的关系。在这举步维艰的时刻，丹娜想要找那些老朋友、老客户出出主意、帮帮忙，于是就写了很多信。可是，等信写好后才发现：自己连买邮票的钱都没有了！

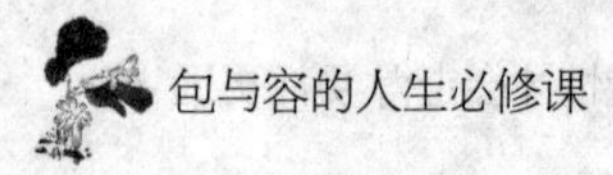

这同时也提醒了丹娜：自己没钱买邮票，别人的日子也好不到哪里去，怎么会舍得花钱买邮票给自己回信呢？可如果没有回信，谁又能帮助自己呢？

于是，丹娜把家里能卖的东西都卖了，用一部分钱买了一大堆邮票，开始向外寄信，还在每封信里附上两美元，作为回信的邮票钱，希望大家给予指导。她的朋友和客户收到信后，都大吃一惊，因为两美元远远超过了一张邮票的价钱。每个人都被感动了，他们回想了丹娜平日的种种好处和善举。

不久，丹娜就收到了订单，还有朋友来信说想要给她投资，一起做点什么。丹娜的生意很快有了起色。在这次经济萧条中，她是为数不多站住脚而且有所成的企业家。

时常有些人抱怨自己不被他人理解，其实，换个角度可能别人也有同样的感受。当我们希望获得他人的理解，想到“他怎么就不能站在我的角度想一想呢”时，我们也可以尝试自己先主动站在对方的角度思考，也许会得到意想不到的答案，许多矛盾误会也会迎刃而解。

沟通大师吉拉德说：“当你认为别人的感受和你自己的一样重要时，才会出现融洽的气氛。”我们需要多从他人的角度考虑问题，如果对方觉得自己受到重视和赞赏，就会报以合作的态度。如果我们只强调自己的感受，别人就会和你对抗。

换个角度替对方多思考一下，关系立刻就会变得缓和。生活中，请让我们相信，每一个有坏处的人都有他值得同情和原谅的地方。一个人的过错，常常不是他一个人所造成的，对这些人多一些体谅吧，从对方的角度出发，你的宽容就可以温暖一颗失落的心，他们也会把温暖传递给他人。

多给对方一些谅解

心理学大师卡耐基认为，谅解在中和酸性的狂暴感情上，有很大的价值。你所遇见的人中，有 3/4 都渴望得到谅解，那么给他们谅解吧，他们将会爱你。

你想不想拥有一个神奇的句子，可以阻止争执，除去不良的感觉，创造良好的氛围，并能使他人注意倾听？那么就以这样开始："我一点也不怪你有这种感觉。如果我是你，毫无疑问，我的想法也会跟你的一样。"

像这样的一段话，会使脾气最坏的老顽固软化下来，而且你说这话时，可以有 100% 的诚意，因为如果你真的是那个人，当然你的感觉就会完全和他一样。

你目前的一切，原因并不全在你。记住，那个令你觉得厌烦、心地狭窄、不可理喻的人，他那副样子，原因并不全在于他。为那个可怜的家伙难过吧，可怜他、同情他，但是也要谅解他。你自己不妨默诵约翰·戈福看见一个喝醉的乞丐蹒跚地走在街道上时所说的这句话："若非上帝的恩典，我自己也会是那样子。"

佳衣·满古是俄克拉何马州吐萨市一家电梯公司的业务代表。这家公司同吐萨市一家最好的旅馆签有合约，负责维修这家旅馆的电梯。旅馆经理为了不愿给旅客带来太多的不便，每次维修的时候，顶多只准许电梯停开两个小时。但是电梯修理至少要 8 个小时，而且在旅馆方便停下电梯的时候，他的公司却不一定能够派出技工。

在满古先生能够为修理工作安排一位最好的技工的时候，他打

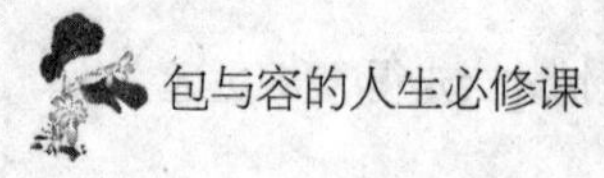

电话给这家旅馆的经理。

他不去和这位经理争辩，他只说："瑞克，我知道你们旅馆的客人很多，你要尽量减少电梯停开的时间。我了解你很重视这一点，我们要尽量配合你的要求。不过，我们检查你们的电梯之后，显示如果我们现在不把电梯修理好，电梯损坏的情形可能会更加严重，到时候停开时间可能会更长。我知道你不愿意给客人带来好几天的不方便。"

经理不得不同意电梯停开8个小时总比停开几天要好。由于满古表示谅解这位经理要使客人愉快的愿望，他很容易地说服了经理。

可见，在与人交往中，多一点对别人的谅解，更容易引起与他人的共鸣。

很多时候，我们会对自己不能理解的事情表示愤怒，可是，当我们开始尝试从对方的角度着想，或者开始对对方表示谅解的时候，我们就发现，那些曾经让我们为之愤怒的事情，也变得可以理解和接受了。

谁是谁非不重要

人生就像在考试，在不断地做题。学生常做的作业是选择题、是非题和填充题。

选择题胜在可以选择，即使不知道答案，也可以胡乱选一个碰碰运气。是非题随便答是或非，也有一半机会答对。填充题最难，根本无法蒙混过关。其实，是非题也不再容易，分清是非对错，并不代表你我成功了一半。

在这世上是非对错到底有什么评判标准呢？是与非的对比或是

划分，应该怎么看呢？很多小时候觉得对的东西长大后却让人十分怀疑，现在的社会好像也和小时候不一样了，小的时候看东西，对就是对，错就是错，很容易分辨，现在却不明白了。

很多时候，一件事情本身的是是非非其实并不重要，重要的是我们所要达到的目的。顾客和售货员为谁应负责任争得脸红脖子粗，走了冤枉路的乘客和司机为谁没说清楚而大动干戈，事情越闹越大，该退的货没退成，该节约的时间没节约，双方都憋了一肚子的气，何苦呢？有人说："我就要争这个理儿！"是，争了一个"理"，的确有一种胜利的感觉，但你想没想到过这个理的代价呢？

很多时候，我们就为了跟别人争这个"理"，常常要吵个半天。如果脾气比较不好的，也可能跟人大打出手，甚至伤了人。所以面对这样的事情，最好是不争辩，能忍就忍了，放弃无谓的辩解，有时却能带给你意想不到的结果。下面这个故事便是个很好的例子。

"您好，"小李对老总说，"昨天我交给您的文件签了吗？"老板想了想，然后翻箱倒柜地在办公室里折腾了一番，最后他耸了耸肩，摊开两手无奈地说："对不起，我从未见过你的文件。"如果是刚从学校毕业时的小李，他会义正词严地说："我看到您的秘书将文件摆在桌子上，您可能将它卷进废纸篓了！"可他现在不会这样说，他要的是老总的签字。于是他平静地说："那好吧，我回去找找那份文件。"于是，小李下楼回到自己办公室，把电脑中的文件重新调出再次打印，当他再把文件放到老总面前时，老总连看都没看就签了字。这就是小李在与上司发生冲突时的解决方式。

聪明的人会装傻，谁是谁非不重要。好汉不吃眼前亏，针尖对麦芒在某些场合是一种耿直与正义的表现，可是生活本身就是很复杂的，谁是谁非并不容易辨认。

有时候在路上遇到两个人争吵，你凑上前去看热闹，可是听来听去，也听不出个头绪来，各说各的理，你也弄不清楚哪个是真哪个是假。所以，不去判断对错是非，糊涂一下，忍耐一下往往是我们处世的一剂良方。

爱情要有激情，更要有理性

爱情是一种激情，而婚姻则是一种理性，缺少爱情就没有完美的婚姻，而爱情只产生快乐，婚姻则产生人生，快乐消失了，婚姻依旧存在，真正成熟而稳定的婚姻，必须考虑到两性结合后的感情发展，而在现实生活中却出现了这样一幅匪夷所思的图景：

两秒钟可以冲好一杯速溶咖啡；两分钟可以把牙刷完；两小时可以看完一场精彩的足球比赛……在有限的时间内，想知道有人在做什么吗？闪婚一族说："两秒钟可以爱上一个人；两分钟可以谈一场恋爱，两小时可以确定终身伴侣。"在如今这个一切都讲求速度的年代，原本给人以温馨、甜蜜、幸福的婚姻，就这样搭上了特快列车。闪婚，这一新的婚姻模式已在现代都市中悄然流行，而这些"闪婚族"们由于没有经过婚前的磨合期，缺乏免疫力，就很容易被残酷的现实所击倒。

与传统社会相比，现在是一个资讯非常发达的时代，广泛的人际交往使情感火花碰撞的空间变得无限，但外在诱惑对情感的威胁也加大了。闪婚一族多为年轻人，他们追求的大多是瞬间爆发的激情，即所谓的一见钟情。但瞬间的激情往往掩盖了双方的某些缺点，婚姻是现实的，当尘埃落定后这些缺点就会暴露无遗。在外在和内在的双重压力下，磨合不好的结果就是婚姻走向解体。

对于一个人来说，情感投入是一生中最重要的投入，一个婚姻关系的缔结，不仅仅代表两个个体的结合，更连接了两个家庭及各种社会关系。婚姻所带来的影响是非常大的，即使婚姻关系解除仍有许多问题存在。闪婚不可取，闪婚不可能做到来无影去无踪，选一个人过一段与过一辈子是不一样的，投入的精力也是不一样的，所以结婚时一定要慎重。

现今社会快节奏的生活，给人带来的压力大了，让人的心灵脆弱了，很多时候会盲目的寻求感情的慰藉，像吃快餐一样，饱了就行，营养的事就顾不得了，而婚姻恰恰是需要营养的，这个营养不是一蹴而就的，而是日积月累磨合出来的，这个磨合不仅在婚后，也有婚前的磨合，那就是了解。婚姻不是男女之间的游戏，不是一般意义上的普通朋友，两人一旦缔结婚姻就要承担生育、相互扶持、相互照顾等责任。基于此，不要轻易尝试闪婚。

据专家统计，一见钟情的婚姻成功率仅10%。同时，闪婚也不符合婚姻的基本规律，爱是婚姻的基石，爱需要双方深入了解。目前随着社会的快速发展，快餐式的爱情和婚姻会将婚姻家庭卷入缺乏理性的漩涡。婚姻的成功和稳定，需要感性、理性双轨发展，爱情列车才能行驶得稳定持久。不能只凭激情和感觉开单轨的磁悬浮，否则你的婚姻列车势必会脱轨。

第八章

婚姻家庭，包容的心才是人生的港湾

家庭是人生的幸福天堂

法国启蒙思想家伏尔泰曾经说过：“对于亚当来说，天堂就是他的家；然而对于亚当的后裔来说，家则是他们的天堂。”

聪明的人是懂得如何找到工作和家庭的平衡点的，他们不会为了工作舍弃家庭，而使自己变得疲惫、沮丧。当工作和家庭发生矛盾时，聪明人往往把家庭放在第一位，因为他们明白，家庭只有一个，而工作可以再找。

爱琳·詹姆是一个积极主张“简单生活”的女作家，她说：“最近，我和一群拥有‘实权’的专业人士聚会。我们谈论到种种休闲时的目标，以及我们是否很少真正地去享受那种属于自己的宁静时刻。我们每个人都在纸上列出我们真正想做的事，这些纸条上的内容大致是：看夕阳，看日出，在海滩上散步，穿过公园，山上旅行，和家人聊天，和另一半度过宁静时光，和孩子度过快乐时光……”

而另一位作家鲍勃也说，他特别喜欢停电，因为每逢这时，他的全家人就会顺应情势，名正言顺地把手上永远做不完的工作停下来。本来各忙各的，各自在自己的房间里读书、写作或温习功课，现在全家都聚集一堂，庆幸多出了一段宽裕的家庭时间。有时听女儿们弹钢琴或拉小提琴；有时关上门一家人一起去散步……

可见，家庭的温馨和亲情的馥郁，永远都是我们最渴望、最迷恋的生活内容。推开那些不必要的应酬和令人头痛的聚会，把更多的时间花费在与家人共处上，这对任何一个有家的人来说都是非常必要的。聪明的人都懂得这其中的道理。

然而，由于现代社会快节奏生活与工作的逼迫，越来越多的人已经变得不再重视家庭了，他们把全部心思都放在工作或应酬上了。他们的钱包是鼓起来了，可是他们幸福吗？从他们疲倦的面容上我们便可以得出答案。

岚就是陷溺于其中的一族。让我们来看看岚的一天。

早8点：来到公司，打开电脑，浏览新闻，处理邮件；

9点：召开15分钟左右的部门工作会议；

9点20分：与客户谈判；

11点：去总经理室参加部门经理会议，商谈公司产品展示会筹备事项；

12点10分：盒饭午餐外加一杯咖啡，在公司解决；

下午2点：赶到飞机场，出差海口两天。

每天总是这样马不停蹄，一年大概有1/3的时间在外奔波。为了这份高薪工作，岚结婚6年了一直不要孩子。岚喜欢这样的生活，她说甚至不知道如果有一天忽然闲下来，自己会是怎样地度日如年。虽然有时她也会不由自主地流露出她的愿望：关了手机和老公去度假，摆脱工作养个宝宝……但她注定走不开，她实在舍不得今天这来之不易的职位。

岚精致的妆容后面有掩饰不住的疲惫，这使做出另外一种选择的女人们庆幸：她们的薪水不多，但足够维持自己悠闲但不太富足的生活，工作之余有大量的时光属于自己，让自己有时间和家人共享天伦之乐。工作着快乐着，生活着享受着，决不会因为工作耽误建设自己的美好家庭，耽误自己去细细品味生活中的每一个美好瞬间。这样的女人和岚相比，的确可以算是聪明的女人了。

美国著名的作家马克·吐温说：“乘在一条陌生的船上，处在一帮陌生人当中，无论你出多大的价钱都买不到重新回到家里的安宁感。”法国启蒙思想家卢梭也说：“家庭是世界最美丽的景象。”德国大诗人歌德则告诉我们：“能在自己的家庭中寻求到安宁的人是最幸福的人。”由此可见，无论何时何地，我们都应该把家庭放在第一位！

家是人生永远的港湾，无论你遭遇了什么，只要还有家在，你的心便永远不会失去温度。只有拥有家庭，才能让心灵永远不孤独。

我们从出生到老去，谁能离得开家的怀抱？谁能挣得脱家那永远不变的炽热情怀？小时候，家是母亲；长大了，家是父亲。我们就是被父亲从鸟笼中放飞，却又被时时牵挂着的那只雏鹰，脆弱而又坚强，翅膀虽稚嫩但却怀有崇高的理想。结婚后，家是妻子那温情脉脉的眼神，家是孩子那甜甜的醉人之吻。再往后，家是子孙绕膝的天伦之乐，是风雨同舟几十载的老伴的唠叨。

只有家才是我们生命中永恒的歌谣。无论我们是在茫茫黑暗中，还是在冰天雪地里，充满祝福与爱的歌声永远会萦绕在我们的耳畔，给我们带来希望，带来真正的温暖！

家，像车船，它默默无言地载着你和你的家人，纵横于高山平原、江河湖海。

家，更像一座大厦：爱是基石，深深地沉在心灵的深处，毫不动摇地承受着一切；宽容是墙壁，无论是严寒还是酷暑，都把你拢在温暖的怀中；尊重是屋顶，狂风、暴雨、寒霜、暑热统统被挡在外面；责任是房梁，横穿时间的始末，成为整个大厦的脊梁；积极是炉火，它使屋内四季如春，舒适宜人；知足是门窗，可以让你看到外面的风景，可以让你走向莺飞蝶舞的丰腴平原，走向日升月落的巅峰绝顶；赞美是吹进来的暖风，它可以使你如沐春光，可以使你更加自信地走向社会。

完美婚姻可“欲”而不可求

如果只看到太阳的黑子，那你的生活将缺少温暖；如果你只看到月亮的阴影，那么你的生命历程将难以找到光明；如果你总是发现朋友的缺点，你么你的人生旅程将难以找到知音，只看我所有的，不看我所没有的，就能活在阳光里，找到生命的真谛。

有人曾把婚姻分为四种类型：可恶的婚姻、可忍的婚姻、可过的婚姻和可意的婚姻。第一种因为其质量的低劣让人忍无可忍，肯定是要解散的；而最后一种则是理想的婚姻，我们常用一个词来形容：神仙眷侣。但是这种婚姻就像一见钟情的爱情，可遇而不可求。我们的婚姻，大多是可忍或可过的。它是不完美的，有缺陷的，是让人心酸而无奈的，继续下去不甘心，放弃又有太多的牵绊。它是我们心头的一个刺，隐隐地痛着，又拔不去。

放弃可恶的婚姻能轻易为自己找到足够的理由，并因此获得勇气。但放弃可过、可忍的婚姻，则需要一点破釜沉舟的果断。当然，还要有一些冒险精神——谁知道，这是给自己一个机会，还是把自己逼向更危险的悬崖。许多离了数次婚又结了数次婚的人，还是没有找到他们理想的生活伴侣，这样的局面让他们沮丧，甚至没有再试一次的勇气。

现在离婚者一般不需要什么理由了，如果非得给自己找理由，那就是：“我们在一起，没有感觉。”也许，在我们看来，他们的婚姻至少是风平浪静的，是可以心平气和过下去的，但当事人却觉得快窒息了，要逃离出来。他们是一群完美主义者，他们在寻找一种理想的婚姻状态，他们采取的是一种置之死地而后生的做法——先断掉自己所有的退路之后，再去找一条通向幸福的捷径。

选择婚姻就像是射箭，无论你感觉自己瞄得有多准，在箭射出去之后，它能否正中靶心，谁也不敢肯定。如果当时起了一阵微风，或者箭本身有些小故障，总之，发生一些不可预知的小意外，常常令结果扑朔迷离。

其实，婚姻是一种有缺陷的生活，那些所谓的完美无缺的婚姻只存在于恋爱时的遐想里。如果你总希望自己完美无缺，假设你的这一愿望真的能如愿以偿，那么你最大的缺点就是没有缺点。

当然，那些婚姻屡败者也许还固守着这个残破的理想。上帝总有些苛刻，或者说公平，他不会把所有的幸运和幸福降临在一个人身上，有爱情的不一定有金钱，有金钱的不一定有快乐，有快乐的不一定有健康，有健康的不一定有激情。向往和追求美满精致的婚姻，就像希望花园里的玫瑰不会在一个清晨全部怒放。

欲想放弃或破坏婚姻不如建设婚姻。许多被大家看好的婚姻因为当事人的漫不经心、吹毛求疵、急不可耐可能很快就破碎了；而那些在众人眼里并不被看好的婚姻，因为两个人用心、细致、锲而不舍地经营，就如一棵纤弱的树，后来居然能枝繁叶茂、郁郁葱葱。可忍或可过的婚姻大抵也是如此，当事人稍一怠慢，它可能很快就会枯萎、凋零。而双方如果用一种积极的心态去修补、保养、维护，也许奇迹就会发生。

有人说，静物是凝固的美，动景是流动的美；直线是流畅的美，曲线是婉转的美；喧闹的城市是繁华的美，宁静的村庄是淡雅的美。生活中处处都有美，只要你有一双发现美的眼睛，有一颗感悟美的心灵。也许离婚对于某些人来说是一种解脱，但是离婚也并非是一种最佳的选择。因为，它并不意味着离理想的婚姻更近一步。美满的家庭生活需要悉心经营，我们不仅要爱家人，还要讲究爱的方式和技巧。

婚姻则是一座花园，是需要用心呵护和耕耘的，如果随意对待，花园内就会杂草丛生，一片荒芜。而要想花园内四季风景怡人，花草鲜美，你就要成为一个辛勤的园丁，精心地培育这块芳草地。

包容与理解是美满婚姻的保障

婚姻是一份承诺，一份责任，夫妻之间应该互相关爱、互相信任、互相了解、互相包容，要像光一样地照耀对方，像火一般温暖另一半。婚姻需要的则是一点点忍让，带有一点点相依和相知，这样才能长久。

曾有人说："不管你是才华横溢，还是富甲一方，就像船只总要靠岸一样，我们每个人都需要一个为自己遮风挡雨的港湾，那便是家。当你快乐时，家是乐园；当你痛苦时，家是心灵的诊所，家的温暖会抚平你那受伤的心。"除了看破红尘的和尚以外，家庭是每一个人都有的。我们从家庭得到无尽的真情和关爱，家庭修正着我们的劣性，治疗着我们的创伤，没有家庭，我们便感受不到生命的温馨。然而是不是每一个家庭都充满温馨呢？恐怕不尽然。

家庭的形成，先是由夫妻双方进行结合而开始。没有夫妻就没有子女，也就很难称得上是一个家。所以婚姻的美满是家庭幸福的伊始和关键。一段美好的婚姻能够成全男女双方，因为他们在感情上美满，情绪自然高昂，做起事来也就顺畅，即便遇到困难但在爱人的鼓励下，也会变得再次充满干劲。而一段失败的婚姻，往往会毁了两个人，甚至整个家庭。

俄国大文豪托尔斯泰和他的夫人都出身名门望族，原本家庭的优越应是每个人都感到自豪的事情，这却恰恰成了托尔斯泰与夫人之间产生难以逾越的鸿沟的罪魁祸首。托尔斯泰是历史上著名的小说家之一，他的《战争与和平》和《安娜·卡列尼娜》两部小说，在文坛享誉盛名。

托尔斯泰备受人们爱戴，他的赞赏者甚至于终日追随在他身边，将他所说的每一句话都快速地记了下来。即使他说了一句“我想我该去睡了！”这样平淡无奇的话，也都给记录了下来。除了美好的声誉外，托尔斯泰和他的夫人有财产、有地位、有孩子。他们的结合，似乎是太美满、太热烈，所以他们跪在地上，祷告上帝，希望能够继续赐给他们这样的快乐。然而托尔斯泰渐渐地改变了。他变成了另外一个人，他对自己过去的作品竟然感到羞愧。就从那时候开始，他把剩余的生命贡献于写宣传和平、消弭战争和解除贫困的小册子。他曾经替自己忏悔，自己在年轻时候，犯过各种不可想象的罪恶和过错。他要真实地遵从耶稣基督的教训。他把所有的田地给了别人，自己过着贫苦的生活。他去田间工作、砍木、堆草，自己做鞋、自己扫屋，用木碗盛饭，而且尝试尽量去爱他的仇敌。

托尔斯泰的一生是一幕悲剧，而拉开这幕悲剧的便是他不幸的婚姻。他的妻子喜爱奢侈、虚荣，可是他却轻视、鄙弃这些。她渴望着显赫、名誉和社会上的赞美，可是托尔斯泰对这些却不屑一顾。她希望有金钱和财产，而他却认为财富和私产是一种罪恶。妻子时常吵闹、谩骂、哭叫，因为托尔斯泰坚持放弃他所有作品的出版权，不收任何的稿费、版税。可是，她却希望得到那方面带来的财富。当托尔斯泰反对她时，她就会像疯了似的大喊大叫，倒在地板上打滚。她手里拿了一瓶鸦片烟膏，要吞服自杀，同时还恫吓丈夫，说要跳井。本来托尔斯泰的家庭是非常美满的，然而从妻子开始吵闹的那一刻起，他的心灵从没一刻获得安静。经过48年的婚姻生活后，他已无法忍受再看自己妻子一眼。在某一天的晚上，这个年老伤心

的妻子渴望着爱情。她跪在丈夫膝前，央求他朗诵50年前——他为她所写的最美丽的爱情诗章。当他读到那些描述以往美丽、甜蜜日子的语句，想到现在一切已成了逝去的回忆时，他们都激动地痛哭起来。在托尔斯泰82岁的时候，他再也忍受不住家庭折磨的痛苦，在1910年10月的一个大雪纷飞的夜晚，离开他的妻子走出了家门，走向酷寒、黑暗，不知去向。11天后，托尔斯泰患上了肺炎，病倒在一个车站里。他临死前的请求是，不允许他的妻子来看他。

托尔斯泰的妻子这时才对当初自己的行为感到深深地悔恨。在她临死前，她向她女儿忏悔说："你父亲的去世，是我的过错。"她的女儿们没有回答，而是失声痛哭起来。她们知道母亲说的是实在话。她们的父亲是在母亲不断的抱怨、长久的批评下去世的。

有人曾这样看待家庭中的争吵，笑称它是家庭中"激烈的沟通方式"。其实这种看法不无道理。在每一个家庭中，摩擦不可避免，若是将对彼此的不满都埋在心头，日积月累，便如沉寂的火山在积淀岩流，很有可能在某一天于一个小小的裂缝中迸出，然后一发不可收拾。然而这种"激烈的沟通方式"也要选择形式，若是无理取闹，任何人都无法忍受。

夫妻双方偶尔的摩擦实属寻常，毕竟生活是在磨合中度过的，不过婚姻最需要的就是温馨。相互恩爱，相互诚恳，相互理解，相互容忍，付出真情，不杂私心。这才是真正的爱情，才是真正在一纸契约下的婚姻。有了这样的婚姻生活，人们还何愁生活不美满，日子不快乐呢？

婚前睁两只眼，婚后闭一只眼

很多女人都会感慨，结婚以前和结婚以后生活会发生很大的变化，心理上也会跟着发生调整。比如，结婚以前，因为担心自己的未来，总是格外地挑剔自己的另一半。可是结婚以后，就开始专心经营自己的这份感情，慢慢地变得宽容和温柔了。其实，这样做是对的。女人就应该在婚前睁两只眼，婚后闭一只眼，对丈夫宽容，给予他足够的心理空间，这样的婚姻才能幸福。

男人在外打拼，劳累、委屈他都可以不在乎，但他不能失去男人的尊严。许多女孩在谈恋爱时，她们的男朋友可能会用玩笑般的口气告诉她们，在人后我听你的，在人前你可得给我留点面子。确实，男人就是这样好面子的“动物”。女孩只要不违背原则，暂时委屈一下，给男人一点面子又何妨呢？常言说：“量大福大。”大度的女人也更令男人加倍地尊重她。

但是，在现实生活中，有些妻子并不了解男人的这种心理，有时候，自觉不自觉地把在家里的威风也带到家外，当众显示自己对丈夫的管束，自以为很舒服。这样做便会出现两种结果：一是，如果丈夫当众听命于夫人，丈夫就会感到很狼狈，威信扫地，使他们成为交际场合中被人戏弄的对象，这自然有损于他们的交际形象。二是，如果丈夫不满她们的指使，做出反抗的表示，又难免产生矛盾，甚至成为家庭矛盾的导火索。总之，不管哪一种情况，结果都是不好的。产生上述后果都与妻子在公众场合下不注意给丈夫面子有关。

聪明的女人是绝不会这样做的。聪明的女人懂得在什么场合、在什么时候应该给丈夫一点面子，把握这种分寸也是有技巧的。大家不妨把以下几条作为参考。

1. 适当时候不妨示弱

有一位先生在北京开了一家餐馆，生意兴隆。一日餐厅打烊又遇妻子河东狮吼。该先生情急之中逃至桌下，恰好客人返回来寻找丢失的东西，正好撞上，进退两难甚感尴尬。这时八面玲珑的妻子急中生智拍了拍桌子：“我说抬，你要扛，正好来帮手了，下次再用你的神力吧！”该先生顺坡下驴直夸夫人想得周到，一场面子危机轻松得到化解。

2. 待他不妨谦和些

对于男人，不要以为你告诉了他，他就会按照你的要求去做，当我们希望得到既定的结果时，一定要为对方的接受程度考虑。比如他在刷过牙后总忘记把牙膏盖盖上，你就多说几句“请记得盖上”，而不要向他频频甩出“不要”“不准”之类的话语，只有这样，他才会欣然接受，而不会恼羞成怒。

3. 聪明的女人家里家外有所区别

不管你在家里把老公当做电饭煲还是当做吸尘器，一旦涉及他的面子时，一定要小心谨慎，给他足够的面子，才能获得“高额回报”。

4. 不妨陪他一起流泪

其实男人很累，睁开眼便是各种责任和义务，他们不敢承认自己也有非常脆弱、需要关怀的时候。在他志得意满时，请给予他足够的欣赏；当他遭遇了不公和挫折时，不妨陪他一起流泪，然后尽快忘却，旧事不提。

5. 聪明的女人多练心

记住，不是操心是练心，如果你想给足男人面子，要多多练心。你的修养、你的谈吐、你的风韵、你的容颜、你的智慧、你的笑容，都是帮衬男人面子的重要组成部分。要不然只有玉树临风，没有佳人相伴，那面子最外层的金边该怎么贴呢？

总之，妻子给丈夫一点面子，这样做不论对于丈夫的交际形象、他的工作，还是对于家庭的和睦，都是有益的。

婚姻如鞋子，只有经过磨合才能合脚

当结束一段感情的时候，我们常常会在好友聚会中抱怨自己为何总是遇人不淑，可是，却没有太多的人会从自己身上寻找原因。

在许多童话故事中经常可以看到这样的情节：公主和王子相恋了，然后结了婚，接下来是“从此以后，就过着幸福快乐的生活”了。然而，现实生活并非如此，在现实生活中我们的家庭是需要“经营”的，而且需要用心的经营，否则便没有幸福可言。

江天和方惠是通过自由恋爱认识的，后来“有情人终成眷属”。但是却没有像童话故事那般，从此过上了快乐和幸福的生活。结婚多年，方惠对家庭中那“一地鸡毛，诲人不倦”可真是深有感触。结了婚，不知怎么会有那么多的事情要做，有那么多的琐碎要打理，而江天身上更是突然间冒出了许多毛病，让她应接不暇。方惠本是满腔热情，心怀憧憬地投入到小家庭建设当中的，可是丈夫经常出现的一些“小打小闹”却似给她当头泼了一盆凉水，浇熄了她的热情，浇灭了她的憧憬。

丈夫在外面时堪称帅哥白领，西服笔挺，干净利落。可回到家里，却原形毕露，穿着短裤，光着膀子，甚至一天都不梳头不洗脸。他会把烟灰弹得到处都是，衣物随地乱放。他会小便完不冲水就立即奔到电视机前观看球赛或上网冲浪。他每次看书写文章时，总是把书和纸摊得满屋都是，把原本整洁的房间弄得乱七八糟，让她看到就心烦。好心为他收拾以后，反而引起他的不满，不是哪页纸丢

了就是哪本书不见了，总要和她争得面红耳赤。他睡觉时梦话连篇，有时还会“夜半歌声”。有一回睡到半夜，江天不知道梦见了什么暴力事件，突然起腿踹了方惠一脚，差点把她踹到床下。这件件桩桩，真是和他有数不完的气要生。

那天，方惠买了一捆葱回家，本来是想留作葱花用的。可是江天倒好，还没等晚饭出锅，那一捆葱已经被他报销得差不多了，早就蘸着大酱吃了起来，嘴里的那个味道别提有多重。晚上两个人躺在床上时，他竟还笑嘻嘻地凑过来，非要搂着她亲热，气得她一把将他推开，跑到客厅里睡去了。

而江天对妻子也是有一肚子的不满，特别是对妻子每次出门时都拖拖拉拉、磨磨蹭蹭的做法很有意见。虽然嘴上没说，心中却老大不舒服，总想找机会刺刺妻子，消消积怨。

有一天晚上，江天买好了妻子最喜欢的音乐会门票，兴冲冲地赶到家里。这时方惠正在做晚饭。江天一进门就嚷：“快，快，晚饭快别做了，快换好衣服上路。这是你最喜欢的，速度快一点，否则来不及。”方惠听到丈夫把“你最喜欢的”说得特别响，把“应该”与“快”强调得非常突出，感到很不自然，没吭一声，继续做饭。

“嗨，你怎么啦，想不想去啊！？”江天看到她不为所动，不由得有点急了。“不想。”方惠冷冷地、轻轻地回答。

这下可惹怒了江天，他满心不平。为了她，他刚下班就急急忙忙赶到音乐厅买票，人很多，自己费了九牛二虎之力才买到两张；又怕误时，打了出租车赶回来，到门口时一着急还差点儿摔了一个跟头，结果落了个吃力不讨好！江天一怒之下，当着妻子的面把门票撕毁，丢进了垃圾桶，独自回房看书了。

在这之后，类似的矛盾不断发生，而江天和方惠都没有及时想办法解决，最终导致他们婚姻解体。

夫妻关系是一个家庭的基础关系，也可以称得上是家庭关系中最微妙也最难处理的一种关系。两个原本陌生、没有任何渊源的人，只因情投意合，便共同构筑了一个家庭的城堡，心甘情愿地将自己禁锢在了围城之内。可是，两个人毕竟来自不同的环境，拥有不同的背景，要长期地共同生活在一起，自然会产生许多摩擦与碰撞，引起各种矛盾与冲突。所以，夫妻间有一段不合拍的过程是正常的，为生活琐事拌几句嘴、小打小闹是不可避免的。这时应该学会忍耐，不要互相埋怨、数落对方的不是。当双方发生冲突和摩擦时，要设身处地地为对方着想，避免自己在情绪恶劣的状态下做出伤害对方的事情来。

其实现实生活中我们很容易给爱人套上自己想象的帽子，单方面地认为他或她应该怎么样、不应该怎么样，然而我们内心的标准常常只是无端的猜测而已。所以，你应该爱你看上他的那一点，对于不喜欢的方面，要多给予宽容和理解。夫妻在家庭中的地位是平等的，无论是在经济上还是在心理情感方面，都应如此，没有谁理所当然地高出对方一头。

相爱的夫妻间，不论哪一个人都不应盛气凌人地指责对方，而是应该在心理上互相接纳，在生活习性上彼此宽容。即使双方性格迥然，情趣相异，但只要相爱，彼此就会有相当大的相容性。婚姻就像一双鞋子，只有经过一段时间的磨合才能合脚，所以夫妻双方不要怨恨自己找错对象，要明白真正的金婚银婚，多是走过了一个漫长的磨合之路。

欣赏你的爱人

婚姻中夫妻双方要相互欣赏，欣赏会使夫妻间的爱越来越醇厚。

有一位画家以其作品富有生命气息而闻名，同时代的画家无人能比。他运用色彩的技巧非同一般。人们看了他的画，都说他画得活灵活现、栩栩如生。

的确，他绘画技艺娴熟。他画的水果似乎在诱你取食，而他画布上开满春花的田野让你感觉身临其境，仿佛自己正徜徉在田野中，清风拂面，花香扑鼻。他画笔下的人，简直就是一个有血有肉、能呼吸、有生命的人。

一天，这位技艺出众的画家遇见了一位美丽的女士，心中顿生爱慕之情。他细细打量她，和她攀谈，越来越产生好感。他对她一片赞扬，殷勤关怀，无微不至，终于女士答应嫁给他。

可是婚后不久，这位漂亮的女士就发现丈夫对她感兴趣原来是从艺术出发而非来自爱情，他投入地欣赏她身上的古典美时，好像不是站在他矢志终身相爱的爱人面前，而是站在一件艺术品前。不久，他就表示非常渴望把她的稀世之美展现在画布上。

于是，画家年轻美丽的妻子在画室里耐心地坐着，常常一坐就是几个小时，毫无怨言。日复一日，她顺从地坐着，脸上带着微笑，因为她爱他，希望他能从她的笑容和顺从中感受到她的爱。

有时她真想大声地对他说："爱我这个人，要我这个女人吧，别再把我当成一件物品来爱了！"但是她却没有这样说，只说了些他爱听的话，因为她知道他画这幅画时是多么快乐。画家是一位充满激情，既狂热又郁郁寡欢的人。他完全沉浸在绘画中的时候便能只看见他想看见的东西。他一点都没有发现，也不可能发现，尽管她微笑着，但她的身体却在衰弱下去，内心正在经受着折磨。他没有发现，画布上的人日益鲜润美好，而他可爱模特脸上的血色却在逐渐消退。

这幅画终于接近尾声了，画家的工作热情更为高涨。他的目光只是偶尔从画布移到仍然耐心地坐着的妻子身上。然而只要他多看她几眼，看得仔细些，就会注意到妻子脸颊上的红晕消失了，嘴边的笑容也不见了，这些全部被他精心地转移到画布上去了。

又过了几周，画家审视自己的作品，准备作最后的润色——嘴巴还需用画笔轻轻抹一下，眼睛还需仔细地加点色彩。

女士知道丈夫几乎已经完成了他的作品，精神抖擞了一阵子。当画家画完最后一笔时，他倒退了几步，看着自己巧手匠心在画布上展示的一切，欣喜若狂！

他站在那儿凝视着自己创作的艺术珍品，不禁高声喊道："这才是真正的生命！"说完他转向自己的爱人，却发现她已经死了。

画家的悲剧在于，他不会欣赏妻子的温情与美丽。婚姻不是工作，画家忘记了在婚姻中他是丈夫，却在用职业的眼光欣赏妻子，而那不是她需要的欣赏，她需要的是对方的爱。

欣赏她（他）想让你欣赏的那部分，这就是学会欣赏的诀窍。她对你展现出柔情妩媚、风情万种，你就欣赏并赞美她的柔情；她对你表示出关心关爱，你就赞美和欣赏她的细心体贴；她对你宽容放纵，就不失时机地夸奖她的雍容大度……

生活中的小事，往往能让我们理解何为欣赏的真谛。

一个小孩拿着一袋糖给父亲，调皮地说："爸爸，你从来没吃过这么甜的糖。"父亲剥了一块放在嘴里，哇，好酸呐！父亲赶紧把糖吐了出来。小孩的母亲不相信，也来试试，在丈夫和儿子的鼓励下，坚持了20秒，也终于忍受不了而宣告失败。儿子朝他们撇撇嘴。妻子和丈夫忍不住又偷着试了试，强忍着酸涩，忍耐了50秒钟后，竟然品出一种香香甜甜的味道。

其实这就像婚姻，平庸和苦涩下常有甜蜜和温情，只需要你在必要的时候坚持一下、耐心一点。想起夫妻之间的争吵，其实大多数情况下并没有本质的矛盾，只是一些鸡毛蒜皮的小事。那糖袋上印着一段很有趣的文字——这里能体会你人生多少的勇气和毅力？10 秒不要灰心哦！20 秒够劲吧！继续坚持！30 秒我们了解你的感受。40 秒渐渐你会发现它的奥妙。50 秒胜利属于你！

夫妻之间的欣赏何尝不是这样，在众多的琐事的背后，多想想对方对你的关心，往往也是苦尽甘来。

善待自己的妻子

有人在对待妻子的方式上给出了这样一个聪明的建议：“第一，理解妻子；第二，要有耐心。在外面，你自己的事情可能遇到了很大的麻烦和困难，但是，你不要把一张愁容满面或眉头紧皱的脸带回家，要知道你的妻子可能有更多的不顺心的事——尽管都是一些琐碎的小事，但也可能到了令她难以忍受的程度。在这个时候，一句可亲的安慰话、一个温柔的眼神、一次真诚的拥抱，都会令她心头的阴霾散尽，重新焕发容光。”

要细心留意你的妻子为了你的舒适而做的一切。不要把它们看成是理所当然的事情，同时，不要刻意去寻找那些你认为她应该做而没有做的事情，不要在这些漏洞上斤斤计较。

不要以冷漠来对待妻子真挚而热切的情感，更重要的是，不要认为服从于她的愿望便有损于作为“男人”的尊严。你曾这样想过吗？如果没有，那么当你在“妥协让步”面前感到为难时，仔细地想一想。这样，当你看到你妻子倾尽全力把你的愿望当成自己的愿望时，你便会有更多的理解和宽容。

不要和你的妻子争执，因为这样会使她认为你不再爱她。她很容易误会你那习惯性的、心不在焉的态度和行为。你应当更有男子气概一些，这样她就会尊敬你、信赖你，为自己把终身托付于你而感到安全。

弗朗西斯·威德说：“毫无疑问，婚姻也为破坏另一个人的生活提供了更大的可能。没有任何一个人会像她的丈夫那样如此致命地贬低、侵扰和毁坏一个女人，也没有任何一个人会像他的妻子那样毁灭一个男人的抱负和雄心，销蚀他的活力。只有一个男人娶了一个恶女人，才会使他永久地丧失信心和希望；同样，也没有比一个女人遇人不淑，嫁给一个坏男人更糟糕的事情了。”正如乔治·艾略特所说的，对于两个人，还有什么事情能比在生活中互相扶持、合二为一更好的呢？工作时，他们可以相互鼓劲；悲伤时，他们可以互相安慰；伤痛时，他们可以相互缓解；寂寞时，他们可以聊天抚慰；即使分别时，也可以留下难以言表的美好回忆。每个人都可能是很好的另一半，但单独的个人不可能是一个完整的整体。只有在两个互不适合、彼此抵触的个体组合成一个整体时，这种组合才是令人痛苦沮丧的。

唠叨是婚姻的致命伤

使人服气的不是命令，而是你的人格魅力。即使是对方有所不满，我们最好也要尝试与之沟通，而绝非任意责骂与强制命令。

罗斯福深得其子女的爱戴，这是众所周知的。有一次，罗斯福的一位老友垂头丧气地来找罗斯福，诉说他的小儿子居然离家出走，到姑母家去住了。这男孩本来就桀骜不驯，这位父亲把儿子说得一

无是处，又指责他跟每个人都相处不好。

罗斯福回答说：“胡说，我一点儿都不认为你儿子有什么不对。不过，一个人如果在家里得不到合理的对待，他总会想办法由其他方面得到的。”

几天后，罗斯福无意中碰到那个男孩，就对他说：“我听说你离家出走，是怎么回事？”男孩回答：“是这样的，上校，每次我有事找爸爸，他都会发火。他从不给我机会讲完我的事，反正我从来没有对过，我永远都是错的。”

罗斯福说：“孩子，你现在也许不会相信，不过，你父亲才真正是你最好的朋友。对他来说，你是这世上最重要的人。”

“也许吧！上校，不过我真的希望他能用另一种方式来表达。”接着罗斯福去告诉那位老友，发现几乎令其惊讶的事实，他果然正如其儿子所形容的那样暴跳如雷。于是，罗斯福说：“你看！如果你跟你儿子说话就像刚才那样，我不奇怪他要离家出走，我还觉得奇怪他怎么现在才出走呢？你真是应该跟他好好谈一谈，多跟他沟通才是。”

凡事不要总是发牢骚。喋喋不休的抱怨会将对方推出婚姻的围墙。得理不饶人，是人最大的弱点。放人一马，前路更宽。一个人在喋喋不休的时候，可能面目可憎，可能情绪失控，这种时候，他身上平时所有的优点都会显得黯淡无光。唠叨像毒蛇的毒汁侵蚀着人们的生命一样，侵蚀着幸福的天堂。没有会愿意同一个唠叨的人过一辈子。

如是你总是唠唠叨叨，抓着人家的辫子不放，那么对方会因你的这种行为而产生更加抵制的情绪。久而久之，哪怕你的道理再正确，他也无法听进去，于是你们之间便会失去有效的沟通渠道，而婚姻也就因为沟通的减少而出现裂痕。

唠叨有时也让人觉得你对他并不尊重，故事中的父亲正是由于只知道对儿子发脾气、抱怨才使得他的儿子觉得自己在家里得不到合理的对待。在婚姻中，尊重是另一个重要的话题，而你无时不在的牢骚，只会让对方觉得你是个蛮横无理的人，他没有得到你应有的尊重，那么你们的婚姻还有什么幸福可言呢？

因此，不要一上来就开始你的唠叨，如果有什么不满的地方，尽量先创造一个尽可能和谐的气氛，让对方也有说话的空间，这样不但你的意见能够得到表达，而且你们的问题也能够得到有效的解决。

第九章

原谅生活，才能更好地生活

不要抱怨生活的不公平

在现实中，我们难免要遭遇挫折与不公正的待遇，每当这时，有些人往往会产生不满，不满通常会引起牢骚，希望以此引起更多人的同情，吸引别人的注意力。从心理角度上讲，这是一种正常的心理自卫行为。但这种自卫行为同时也是许多人心中的痛，牢骚、抱怨会削弱责任心，降低工作积极性，这几乎是所有人为之担心的问题。

通往成功的征途不可能一帆风顺，遭遇困难是常有的事。事业的低谷、种种的不如意让你仿佛置身于荒无人烟的沙漠，没有食物也没有水。这种漫长的、连绵不断的挫折往往比那些虽巨大但却可以速战速决的困难更难战胜。在面对这些挫折时，许多人不是积极地去找一种方法化险为夷，绝处逢生，而是一味地急躁，抱怨命运的不公平，抱怨生活给予的太少，抱怨时运的不佳。

奎尔是一家汽车修理厂的修理工，从进厂的第一天起，他就开始喋喋不休地抱怨，“修理这活太脏了，瞧瞧我身上弄的”“真累呀，我简直讨厌死这份工作了”……每天，奎尔都是在抱怨和不满的情绪中度过。他认为自己在受煎熬，在像奴隶一样卖苦力。因此，奎尔每时每刻都窥视着师傅的眼神与行动，稍有空隙，他便偷懒耍滑，应付手中的工作。

转眼几年过去了，当时与奎尔一同进厂的三个工友，各自凭着精湛的手艺，或另谋高就，或被公司送进大学进修，独有奎尔，仍旧在抱怨中做他讨厌的修理工。

抱怨的最大受害者是自己。生活中你会遇到许多才华横溢的失业者，当你和这些失业者交流时，你会发现，这些人对原有工作充满了抱怨、不满和谴责。要么就怪环境条件不够好，要么就怪老板有眼无珠，不识才……总之，牢骚一大堆，积怨满天飞。殊不知这就是问题的关键所在——吹毛求疵的恶习使他们丢失了责任感和使命感，只对寻找不利因素兴趣十足，从而使自己发展的道路越走越窄。他们与公司格格不入，变得不再有用，只好被迫离开。如果不相信，你可以立刻去询问你所遇到的任何 10 个失业者，问他们为什么没能在所从事的行业中继续发展下去，10 个人当中至少有 9 个人会抱怨旧上级或同事的不是，绝少有人能够认识到自己之所以失业的真正原因。

提及抱怨与责任，有位企业领导者一针见血地指出："抱怨是失败的一个借口，是逃避责任的理由。爱抱怨的人没有胸怀，很难担当大任。"仔细观察任何一个管理健全的机构，你会发现，没有人会因为喋喋不休的抱怨而获得奖励和提升。这是再自然不过的事了。想象一下，船上水手如果总不停地抱怨：这艘船怎么这么破，船上的环境太差了，食物简直难以下咽，以及有一个多么愚蠢的船长……这时，你认为，这名水手的责任心会有多大？对工作会尽职尽责吗？假如你是船长，你是否敢让他做重要的工作？

如果你受雇于某个公司，就发誓对工作竭尽全力、主动负责吧！只要你依然还是整体中的一员，就不要谴责它，不要伤害它，否则你只会诋毁你的公司，同时也断送了自己的前程。如果你对公司、对工作有满腹的牢骚无从宣泄时，做个选择吧。一是选择离开，到公司的门外去宣泄；二是选择留下。当你选择留在这里的时候，就应该做到在其位谋其政，全身心地投入到工作上来，为更好地完成工作而努力。记住，这是你的责任。

一个人的发展往往会受到很多因素的影响，这些因素有很多是自己无法把握的，工作不被认同、才能不被发现、职业发展受挫、上司待人不公、别人总用有色眼镜看自己……这时，能够拯救自己走出泥潭的只有忍耐。比尔·盖茨曾告诫初入社会的年轻人："社会是不公平的，这种不公平遍布于个人发展的每一个阶段。"在这一现实面前，任何急躁、抱怨都没有益处，只有坦然地接受现实并战胜眼前的痛苦，才能使自己的事业有进一步发展的可能。

生命本身并没有残缺

每个人的生命都是完整的。你的身体可能有缺陷或者残缺，但你仍然可以拥有一个完整的人生和幸福的生活。这才是对待生命的正确态度。

1967年的夏天，对于美国跳水运动员乔妮来说是一段伤心的日子，她在一次跳水事故中身负重伤，全身瘫痪，只剩下脖子以上可以活动。

乔妮哭了，她躺在病床上彻夜难眠。她怎么也摆脱不了那场噩梦，跳板为什么会滑？为什么她会恰好在那时跳下？不论家人怎样劝慰，她总认为命运对她实在不公。出院后，她叫家人把她推到跳水池旁，注视着那蓝盈盈的水面，仰望那高高的跳台。她再也不能站立在光洁的跳板上了，那温柔的水再也不会溅起朵朵美丽的水花拥抱她了，她又掩面哭了起来。从此她被迫结束了自己的跳水生涯，离开了那条通向跳水冠军领奖台的路。

她曾经绝望过，但现在，她拒绝了死神的召唤，开始冷静思索人生的意义和生命的价值。她借来许多介绍前人如何成才的书籍，

一本一本认真地读了起来。她虽然双目健全，但读书也是很艰难的，只能靠嘴衔根小竹片去翻书，劳累、伤痛常常迫使她停下来。休息片刻后，她又坚持读下去。通过大量的阅读，她终于领悟到：我是残疾了，但许多人残疾了之后，却在另外一条道路上获得了成功，他们有的成了作家，有的创造出美妙的音乐，我为什么不能？于是，她想到了自己中学时代喜欢画画。为什么不能在画画上有所成就呢？这位纤弱的姑娘变得坚强、自信起来了。她捡起了中学时代曾经用过的画笔，用嘴衔着，开始了练习。

这是一个常人难以想象的艰辛过程。家人担心她累坏了，于是纷纷劝阻她："乔妮，别那么死心眼了，哪有用嘴画画的，我们会养活你的。"可是，他们的话反而激起了她学画的决心，"我怎么能让家人一辈子养活我呢？"她更加刻苦了，常常累得头晕目眩，甚至有时委屈的泪水把画纸也弄湿了。为了积累素材，她还常常乘车外出，拜访艺术大师。好些年头过去了，她的辛勤劳动没有白费，她的一幅风景油画在一次画展上展出后，得到了美术界的好评。

后来，乔妮决心涉足文学。她的家人及朋友们又劝她了："乔妮，你绘画已经很不错了，还搞什么文学，那会更苦了你自己的。"她没有说话，想起一家刊物曾向她约稿，要谈谈自己学绘画的经过和感受，她用了很大力气，可稿子还是没有完成，这件事对她刺激太大了，她深感自己写作水平差，必须一步一个脚印地去学习。

这是一条通向光荣和梦想的荆棘路，虽然艰辛，但乔妮仿佛看到艺术的桂冠在前面熠熠闪光，等待她去摘取。

是的，这是一个很美的梦，乔妮要圆这个梦。终于，又经过许多艰辛的岁月，这个美丽的梦终于成了现实。1976年，她的自传《乔妮》出版并轰动了文坛，她收到了数以万计的热情洋溢的信。又两年过去了，她的《再前进一步》一书又问世了，该书以作者的亲身经历，告诉所有的残疾人，应该怎样战胜病痛，立志成才。后来，这本书被搬上了银幕，影片的主角就是由她自己扮演，她成了青年们的偶像，成了千千万万个青年自强不息、奋进不止的榜样。

乔妮是好样的，她用自己的行动向我们说明了这样一个道理：你的生命没有残缺，无论你的命运面临怎样的困厄，它们也丝毫阻止不了你实现自己的人生价值，相反，它们会成为你人生道路中一笔宝贵的精神财富。

在贫穷面前抬起头来

在贫穷面前，我们不必抬不起头，金钱给予我们的只是我们所需要的一小部分，我们还有很多值得追求的东西，物质上的贫穷并不代表人生的贫乏。而且贫困往往只是眼下的，因为你永远有选择现在就动手改变的机会。贫穷与暂时的负债对懦弱的人会产生一股强大的摧毁力，而意志坚定的人却认为是对自己的磨炼。

拿破仑是科西嘉人，他的父亲虽很高傲，但是手头非常拮据。幼时，他父亲令他进入贝列思贵族学校。校中的同学大都恃富而骄，讥讽家境清寒的同学，所以拿破仑常受同学们的欺侮。他起初逆来顺受，竭力抑制自己的愤怒，但同学们的恶作剧愈演愈甚，他终于忍无可忍，于是函请父亲准他转学，希望脱离这可怕的环境。可是他的父亲来信回复他说：“你仍须留在校中读书。”他不得已，只能忍受，饱尝了五年的痛苦。他每次遇到同学们的侮辱性的嘲弄，不但没有意志消沉，反而增强了他的决心，准备将来战胜这些卑鄙的纨绔子弟。

拿破仑16岁任少尉的那年，父亲不幸去世，在他微薄的薪水中，

尚需节省一部分钱来赡养他的母亲。那时，他又接受差遣，须长途跋涉，到凡朗斯的军营服役。到了部队，眼见伙伴们大都把闲余的光阴虚掷在狂嫖滥赌上，拿破仑知道自己绝不能和他们一样。他想要甩掉这顶贫穷的帽子，改变自己的命运。好在他尚不具有翩翩的风度，无从追求女人；囊中羞涩，更不能使他有一掷千金的豪兴。他把他闲余的光阴，全放在读书上。他早有了理想的目标，他在艰苦的环境中埋首研习，数年的工夫，积下来的笔记后来整理出来，竟有四大箱子。

他绘制了科西嘉岛的地图，并将设防计划罗列图上，根据数学的原理，精确计算。于是，他崭露头角，为长官所赏识，派他担任重要的工作，从此青云直上。其他的人对他的态度大大改观，从前嘲笑他的人，反而接受他指挥，奉承唯恐不及；轻视他的人，也以受他稍一顾盼为荣；揶揄他是一个迂儒书呆、毫无出息的人，也对他虔诚崇拜。

拿破仑的成功，固然是因为他的天才和学识修养，但最重要的还是他坚强的意志。他的意志，是在艰苦环境中磨砺出来的，不经历风雨，他也就可能不会成为世界上人人皆知的军事天才拿破仑。

困苦的环境，固然可以磨砺你的志气，但也可能消沉你的志气。你如果不战胜环境，环境便战胜你。你因为受了冷酷无情的打击，便妄自菲薄，以为前途绝无希望，听任命运的摆布，那么你的结局可想而知。而拿破仑绝不是这样，他认为世界上没有不可改造的环境，尽力战胜先天的缺憾，不退却，不放纵。

与其把大好的时间和精力放在为“钱”的忧虑上，还不如打点行装、振作精神去为赚钱而做好准备，用良好的心态开创光明的前程。

吃亏有时是种福

做事有长远计划的人，不会只计较自己的获得，而是懂得在适当的时候舍弃。因为他们知道，有时候“吃亏”并不是一种灾难，只有在经历了一番舍弃以后，我们才能获得更多的意外收获。

英国哈利斯食品加工工业公司总经理亨利，有一次突然从化验室的报告单上发现，他们生产食品的配方中，起保鲜作用的添加剂有毒，虽然毒性不大，但长期服用对身体有害。如果不用添加剂，则又会影响食品的新鲜度。

亨利考虑了一下，他认为应以诚对待顾客，于是他毅然把这一有损销量的事情告诉了每位顾客，随之又向社会宣布，防腐剂有毒，对身体有害。

做出这样的举措之后，他承受了很大的压力。食品销路锐减不说，所有从事食品加工的老板都联合起来，用一切手段向他反扑，指责他别有用心，打击别人，抬高自己，他们一起抵制亨利公司的产品，亨利公司一下子跌到了濒临倒闭的边缘。苦苦挣扎了4年之后，亨利的食品加工公司已经无以为继，但他的名声却家喻户晓。

这时候，政府站出来支持亨利了。哈利斯公司的产品又成了人们放心满意的热门货。哈利斯公司在很短时间内便恢复了元气，规模扩大了两倍。哈利斯食品加工公司一举成了英国食品加工业的“龙头公司”。

很多人认为吃亏是一种损失，自己想要的东西没有得到，或者本来应该拥有的没有获得，心里总会有一种失落的感觉。可是，如果你不舍弃自己的利益，成全别人，就不会得到别人的关注和支持。

深圳有一个农村来的妇女，起初给人当保姆，后来在街头摆小摊儿，卖一个胶卷赚一角钱。她认死理，一个胶卷永远只赚一角。现在她开了一家摄影器材店，门面越做越大，还是一个胶卷赚一角；市场上一个柯达胶卷卖23元，她卖16元1角，批发量大得惊人，深圳搞摄影的没有不知道她的。外地人的钱包丢在她那儿了，她花了很多长途电话费才找到失主；有时候算错账多收了人家的钱，她心急火燎找到人家还钱。听起来像傻子，可赚的钱不得了，在深圳，再牛气的摄影商，也都心甘情愿地去她那儿拿货。

在很多人眼里，这个深圳妇女总是做着吃亏的傻事，可是正是因为她的勇于吃亏，正是她对于别人的利益的成全，她才能吸引更多的顾客，才能让自己的生意做得越来越红火。所以说，吃亏并不如我们想象中那么可怕，有时候吃亏反而是一种福气。

吃亏是福，需要的是一种潇洒的生活态度，也需要一种做事的魄力。虽然有时候我们需要舍弃的东西并不多，可是能够将自己的东西和利益拱手相让的，还是需要一份勇气，一种风度，一种气量。

关键的时候敢于吃亏，这不仅体现我们大度的胸怀，同时也是做大事业的必要素质。赢到最后的人，才是真正的赢家。

失去可能是另一种获得

人生就像一场旅行，在行程中，你会用心去欣赏沿途的风景，同时也会接受各种各样的考验，这个过程中，你会失去许多，但是，你同样也会收获很多，因为，失去是另一种获得。

有一位住在深山里的农民，经常感到环境艰险，难以生活，于是便四处寻找致富的好方法。一天，一位从外地来的商贩给他带来了一样好东西，尽管在阳光下看去那只是一粒粒不起眼的种子。但据商贩讲，这不是一般的种子，而是一种叫做“苹果”的水果的种子，只要将其种在土壤里，几年以后，就能长成一棵棵苹果树，结出数不清的果实，拿到集市上，可以卖好多钱呢！

欣喜之余，农民急忙将苹果种子小心收好，但脑海里随即涌现出一个问题：既然苹果这么值钱、这么好，会不会被别人偷走呢？于是，他特意选择了一块荒僻的山野来种植这种颇为珍贵的果树。

经过几年的辛苦耕作，浇水施肥，小小的种子终于长成了一棵棵茁壮的果树，并且结出了累累硕果。

这位农民看在眼里，喜在心中。因为缺乏种子的缘故，果树的数量还比较少，但结出的果实也肯定可以让自己过上好一点儿的生活。

他特意选了一个吉祥的日子，准备在这一天摘下成熟的苹果，挑到集市上卖个好价钱。当这一天到来时，他非常高兴，一大早便上路了。

当他气喘吁吁爬上山顶时，心里猛然一惊，那一片红灿灿的果实，竟然被外来的飞鸟和野兽们吃了个精光，只剩下满地的果核。

想到这几年的辛苦劳作和热切期望，他不禁伤心欲绝，大哭起来。他的财富梦就这样破灭了。在随后的岁月里，他的生活仍然艰苦，只能苦苦支撑下去，一天一天地熬日子。不知不觉之间，几年的光阴如流水一般逝去。

一天，他偶然来到了这片山野。当他爬上山顶后，突然愣住了，因为在他面前出现了一大片茂盛的苹果林，树上结满了累累硕果。

这会是谁种的呢？他思索了好一会儿才找到了答案：这一大片苹果林都是他自己种的。

几年前，当那些飞鸟和野兽在吃完苹果后，就将果核吐在了旁

边，经过几年的时间，果核里的种子慢慢发芽生长，终于长成了一片更加茂盛的苹果林。

现在，这位农民再也不用为生活发愁了，这一大片林子中的苹果足以让他过上幸福的生活。

从这个故事当中我们可以看出，有时候，失去是另一种获得。花草的种子失去了在泥土中的安逸生活，却获得了在阳光下发芽微笑的机会；小鸟失去了几根美丽的羽毛，经过跌打，却获得了在蓝天下凌空展翅的机会。人生总在失去与获得之间徘徊。没有失去，也就无所谓获得。

一扇门如果关上了，必定有另一扇门打开。你失去了一种东西，必然会在其他地方收获另一种东西。关键是，你要有乐观的心态，相信有失必有得，要舍得放弃，正确对待你的失去。

人生随时都可以重新开始

这个世界上不会有人一生都毫无转机，穷人可能会腾达为富人，富人也可能沦落为穷人，很多事情都是发生在一瞬间。富有或贫穷，胜利或失败，光荣与耻辱，所有的改变都会在一瞬间发生。

比如，一个人要戒烟，如果他总认为戒烟是一个渐进的、缓慢的过程，要逐渐地戒，那他永远也戒不了烟；他只有在某天突然醒悟，才会痛下决断，马上坚决采取戒烟措施，才有可能戒掉烟。

CNN的老板特德·特纳，年轻时是一个典型的花花公子，从不安分守己，他的父亲也拿他没办法。他曾两次被布朗大学除名。不久，他的父亲因企业债务问题而自杀，他因此受到了很大的触动。他想到父亲含辛茹苦地为家庭打拼，他却在胡作非为，不仅不能帮助父亲，反而为父亲添了无数麻烦。他决定改变自己的行为，要把父亲留给自己的公司打理好。从此他像变了一个人，成了一个工作狂，而且不断寻找机会，壮大父亲留下的企业，最终将CNN从一个小企业变成了世界级的大公司。

其实，人的改变就在一瞬间，只要我们思想上有了一种强烈的要改变的意识，并下定决心，变化就会出现。一瞬间的改变可以成就一个人的一生，也可以毁灭一个人的一生，所以，我们不能忽视一瞬间的力量。

鲁迅认为中国落后是因为中国人的体格不行，被称作东亚病夫，于是他去日本学习医学。但一次在课间看电影的时候，他看到日本军人挥刀砍杀中国人，而围观的中国人却一脸的麻木，当时其他的日本同学大声地议论："只要看中国人的样子，就可以断定中国必然灭亡。"鲁迅思想上顿时发生了改变，他说："由此我觉得医学并非一件紧要事，凡是愚弱的国民，即使体格如何健全，如何茁壮，也只能做毫无意义的示众的材料和看客，病死多少是不必以为不幸的，所以我的第一要素是在改变他们的精神，而善于改变精神的是，我那时以为当然要推文艺，于是想提倡文艺运动了。"从此，鲁迅决定弃医从文，以笔为枪，去唤醒沉睡中的中国，中国也多了一位伟大的思想家和文学家。

禅宗讲求顿悟，认为人的得道在于顿悟，在于一刹那的开悟。其实人生也是这样，人思想的改变就在一瞬间。当我们顿悟后，我们就能洞察生命的本性，从被奴役的生活走向自由的道路，将蕴藏在内心的仁慈和潜能都充分发挥出来。

一个人想要达到成功的巅峰，也需要顿悟，从你的内心深处升

起的那份卓越的渴望，将会在瞬间改变你的一生。

把心重新放到起点上

归零的心态就是一切从头再来，就像大海一样把自己放在最低点，吸纳百川。归零的心态就是空灵、谦虚的心态，它并不是一味地否定过去，而是要怀着否定或者说放下过去的一种态度，去接纳新事物，追求更多的收获。有句话说：谦虚是人类最大的成就。谦虚让你得到尊重。越饱满的麦穗越弯腰，不要自以为是，虚心使人进步，骄傲使人落后。

有一个故事，讲的是知了学飞。知了看见大雁在空中自由自在地飞翔，十分羡慕，就请大雁教它飞翔，大雁高兴地答应了。

但学习是一件很辛苦的事。

大雁给它讲怎样飞，它听了几句，就不耐烦地说："知了！知了！"大雁让它多试着飞一飞，它只飞了几次，就自满地嚷道："知了！知了！"秋天到了，大雁要到南方去了，知了虽然很想和大雁一起远行，可是，它扑腾着翅膀，怎么也飞不高。

望着大雁在云霄之上高飞，知了十分懊悔自己当初太自满，没有努力练习。可为时已晚，它只好叹息道："迟了！迟了！"

在现实生活中，有多少人像知了一样自以为是，结果在最后只有感叹"迟了"。自满者总是认为自己能力很高，不能虚下心弯下腰，这样的故步自封，只会让自己走向退步。

很多人都这样认为：自己学过的东西是不会消失的，只要保有它们，就不愁吃不到饭。但在进步的社会中，不刷新你的知识，是很容易贬值的，人们常说"谦虚使人进步"，谦就是一种礼貌，一种礼节上的心态，虚就是一种空杯心态，把自己归零去学习。

人的生存环境不同，立场角度各异，同样的事例故事，讲述的角度不同，对他来说可能是有道理的，对你却显得荒谬。如此，在我们没有明晰一种观点所体现的立场、生存环境、角度、寓意，请先行接纳，然后理性反思剔除。自以为是的害处只能导致盲目自大，尔后自欺，然后欺人。

一个已经装满了水的杯子难以再装下别的东西，人心也是如此。

人们生来本站在同一起跑线上，可为什么所达到的高度不同？有的功成名就，有的却一事无成？主要在于，前者总是“留一些空杯子”虚心接纳，而后者却自我满足，自以为是，最终自己淘汰了自己。

人生旅行，就是汲取各种养分、滋养生命的过程。如果我们带着太多的自满上路，就像那个装满水的杯子，再也容不得半点水进入，这将是人生最大的悲哀。在人生的旅途中，每一个即将上路或已在路上的年轻人，一定要牢记，不论什么时候，都要给自己留一些“空杯子”，虚心求教。学无止境，心有空余，才能装物。

昨天的总要在今天归零

年轻的时候，玛丽比较贪心，什么都追求最好的，拼了命想抓住每一个机会。有一段时间，她手上同时拥有13个广播节目，每天忙得昏天暗地，她形容自己：“简直累得跟狗一样！”

事情都是双方面的，所谓有一利必有一弊，事业愈做愈大，压力也愈来愈大。到了后来，玛丽发觉拥有更多、更大不是乐趣，反而是一种沉重的负担。她的内心始终被一种强烈的不安全感笼罩着。

1995年“灾难”发生了，她独资经营的广播公司被恶性倒账

四五千万美元，交往了七年的男友和她分手……一连串的打击直奔她而来，就在极度沮丧的时候，她冒出了结束自己生命的念头。

在面临崩溃之际，她向一位朋友求助："如果我把公司关掉，我不知道我还能做什么？"朋友沉吟片刻后回答："你什么都能做，别忘了，当初我们都是从'零'开始的！"

这句话让她恍然大悟，也让她勇气再生："是啊！我们本来就是一无所有，既然如此，又有什么好怕的呢？"就这样念头一转，没有想到在短短半个月之内，她连续接到两笔很大的业务，濒临倒闭的公司起死回生，又重新正常运转了起来。

历经这些挫折后，让玛丽体悟到人生"无常"的一面，费尽了力气去强求，虽然勉强得到，最后留也留不住；反而是一旦放空了，随之而来的是更大的能量。

她学会了"生活的减法"。为了简化生活，她谢绝应酬，搬离了 150 平方米的房子。索性以公司为家，在一间小小的办公室里，淘汰不必要的家当，只留下一张床，一张小茶几，还有两只作伴的狗儿。

玛丽忽然发现，原来一个人需要的其实那么有限，许多附加的东西只是徒增无谓的负担而已。朋友不解地问她："你为什么都不爱自己了？"她回答："我现在是从内爱自己。"

就像玛丽那样，以为没有了自己，什么事情都做不了，这样的想法是不对的；以为没有了一切，自己就活不下去，这也是不对的。宇宙间的事情，不是谁没有了谁就延续不下去的，只要我们愿意，我们随时都可以从零开始。

抛开过去，就在今天全部归零，我们才能整装待发，快乐出行。

太阳每天都是新的

人的一生中会遇到各种各样的困难和挫折，逃避和消沉是解决不了问题的，唯有以乐观的阳光心态去迎接生活的挑战，才有机会成功。阳光的人每天都拥有一个全新的太阳，积极向上，并能从生活中不断汲取前进的动力。

“不论担子有多重，每个人都能支持到夜晚的来临，”19 世纪的浪漫主义代表、小说《金银岛》的作者罗勃·史蒂文生写道，“不论工作有多苦，每个人都能做他那一天的工作，每一个人都能很甜美、很有耐心、很可爱、很纯洁地活到太阳下山，而这就是生命的真谛。”不错，生命对我们所要求的也就是这些。可是住在密歇根州沙支那城的薛尔德太太，在学到“要生活到上床为止”这一点之前，却感到极度的颓丧，甚至于几乎想自杀。

1937 年薛尔德太太的丈夫死了，她觉得非常颓丧——而且几乎一文不名。她写信给她以前的老板李奥罗区先生，请他允许她回去做她以前的老工作。她以前靠推销世界百科全书过活。两年前她丈夫生病的时候，她把汽车卖了，如今于是她勉强凑足钱，分期付款才买了一部旧车，又开始出去卖书。

她原想，再回去做事或许可以帮她解脱她的颓丧。可是要一个人驾车，一个人吃饭，几乎令她无法忍受。有些区域简直就做不出什么成绩来，虽然分期付款买车的数目不大，却很难付清。

1938 年的春天，她在密苏里州的维沙里市，见那儿的学校都很穷，路很坏，很难找到客户。她一个人又孤独又沮丧，有一次甚至想要自杀。她觉得成功是不可能的，活着也没有什么希望。每天早

上她都很怕起床面对生活。她什么都怕，怕付不出分期付款的车钱，怕付不出房租，怕没有足够的东西吃，怕她的健康情况变坏而没有钱看医生。让她没有自杀的唯一理由是，她担心她的姐姐会因此而觉得很难过，而且她姐姐也没有足够的钱来支付自己的丧葬费用。

然而有一天，她读到一篇文章，使她从消沉中振作了起来，使她有勇气继续活下去。她永远感激那篇文章里那一句令人振奋的话："对一个聪明人来说，太阳每天都是新的。"她用打字机把这句话打下来，贴在她的车子里，这样，在她开车的时候，每一分钟都能看见这句话。她发现每次只活一天并不困难，她学会了忘记过去，不想未来，每天早上都对自己说："今天又是一个新的生命。"

她成功地克服了对孤寂和对需要的恐惧。她现在很快活，也还算成功，并对生命充满了热忱和爱。她也知道，不论在生活上碰到什么事情，都不要害怕；她也知道，不必怕未来，每次只要活一天——而"对一个聪明人来说，太阳每天都是新的"。

在日常生活中可能会碰到令人兴奋的事情，也同样会碰到令人消极的、悲观的坏事，这本来应属正常，但如果我们的思维总是围着那些不如意的事情转动的话，也就相当于往下看，那么，终究会摔下去的。因此，我们应尽量做到脑海想的、眼睛看的，以及口中说的都应该是光明的、乐观的、积极的，相信每天的太阳都是新的，每一天都是一个新的开始。

相信下一次会更好

人生其实就是一个失去与得到的过程，也是一个选择的过程。在人的一生中，最害怕的不是失去什么，而是在失去之后，丧失了对未来的希望，所以，对于我们来说，在失去之后，要相信：下一个人会更好，下一次机会会更好。

如果要问一个电影演员，他觉得自己拍的哪一部戏最好，很多人会觉得没有最好的，因为很多人会将希望寄托于将来，相信自己将来会超越现在的自己，所以很多回答就是："下一部戏是最好的。"

原是中国队女子体操队队员的桑兰，用她的微笑和自信征服了所有人，无论是中国人还是外国人。

曾经拿过多项国内外奖项的桑兰，在1998年参加的第四届美国友好运动会试跳上，由于不慎，从空中跌落，导致第六根和第七根脊梁骨错位，胸部以下失去知觉。

桑兰在遭受如此重大的变故后却表现出难得的坚毅，她的主治医生说："桑兰表现得非常勇敢，她从未抱怨什么，她很好地诠释了'勇气'这个词。"就算是知道自己再也站不起来之后，她也绝不后悔练体操，她说："我对自己有信心，我永远不会放弃希望。"

之后，桑兰加盟了星空卫视，成为《桑兰2008》节目的主持人，并且在众多媒体上开设了她的体育评述专栏。

虽然已经无法在赛场上奋斗，但是，桑兰说："我会在主持人的岗位上，继续为我喜爱的运动事业作贡献。虽然我没有经验，还有身体的原因，但是我一定能面对的。我正在充实自己，学习文化。我可以做得很好。"

虽然不能再回到赛场上，但是桑兰的生活也一样精彩，美国前总统卡特、里根和克林顿都曾给桑兰写过信，赞扬她的勇气。桑兰与曾成功演绎"超人"角色的著名影星克里斯托弗·里夫会面的经过在美国ABC电视台播出，这家电视台50年来只采访过两个中国人，一个是邓小平，另一个是桑兰。

桑兰相信未来，相信自己，相信在下一次的尝试中自己会做得更好，她赢得了许多人的尊敬。

我们绝大多数人的身体条件都比桑兰好，但是却很难拥有和桑兰一样的心境，面对困境和磨难，依旧相信美好，相信今后会更好。每个人的一生都不是一帆风顺的，如果没有怀有希望，那又怎么坚持好好的活着呢？悲伤、痛苦不该是生活的主旋律，选择快乐地活着，满怀信心和希望地或者还是绝望地活着完全在于每一个人自己。

快乐不快乐，完全取决于你

想改变整个世界，很难；而改变自己的思维，则较为容易。换个角度，人生海阔天空。快乐也是如此，完全取决你的态度。

很久很久以前，人类还赤着双脚走路。

有一位国王到某个乡村巡视，路面的碎石头刺得他的脚又痛又麻。

于是，他下了一道命令，要将国内的所有道路都铺上一层牛皮。他认为这样能让所有人走路时不再痛苦。

但即使杀尽国内所有的牛，也根本做不到。

一位聪明的仆人向国王建议："陛下啊！为什么您要杀那么多头牛，花那么多钱呢？您何不只用两小片牛皮包住您的脚呢？"

国王听了，茅塞顿开，于是立刻收回成命，改用这个建议。

据说，这就是皮鞋的由来。

尽管是一国之王，但想改变整个世界，很难；而改变自己的思维，则较为容易。换个角度，人生海阔天空。

有两个旅游观光团到日本伊豆半岛旅游，路面很糟糕，到处坑坑洼洼，都是洞。

其中一位导游连声抱歉，说路面简直像麻子一样。

而另一个导游却诗意盎然地对游客说：“各位，我们现在走的这条道路，正是赫赫有名的伊豆迷人酒窝大道。”

游客们不由地发出善意会心的微笑。

虽是同样的情况，然而不同的意念，就会产生不同的态度。思想是何等奇妙的事，如何去想，决定权在你。

在现实生活中，我们往往习惯于以自己既定的思维方式推出结论。其实，很多事情，换个角度，也许结果就会不同。只有敢于冲破传统行为的束缚，我们才可以创造新的生活，带来新的视野。

不小心将手提包丢了，损失了一个月的工资。不要埋怨自己，你应该想，幸好没把买房子的钱放在提包里面。

你回到家，家里乱七八糟的，你不应该责怪家人。你一边收拾东西一边想，整天坐办公室，难得有这样锻炼身体的机会啊！家人看到收拾好的房屋后，是不是也对你赞赏有加，家庭也变得和美融洽了？

如果你换个角度去看生活，是不是生活也变得非常快乐了呢？

摆脱内心的羁绊

一个猎手非常喜欢在冬天打猎。这天，天气异常寒冷，猎手取出他的猎枪，穿戴得严严实实，准备到几十里外的乡下去打猎。

如果足够幸运，能够猎捕到一只鹿的话，那么这个冬天就不用发愁了。在他到达乡间野地不久，他就惊喜地发现了鹿留下的痕迹。

猎手压抑不住内心强烈的追捕欲望，未做片刻停留，立即跟踪

着痕迹，向鹿逃离的方向追去。

不久，在鹿痕的引导下，猎手来到了一条结冰的河流跟前。这是一条相当宽阔的河流，河面完全被冻冰所覆盖。

猎手无法判定冻冰能否承受得住他的体重，虽然冰面上明显地留下了鹿走过的踪迹，但猎手不知道这只鹿是大鹿还是小鹿。尽管冰面能够承受得住一只鹿，但能否承受得了一个人，猎手并没有一点儿把握。最终，捕鹿的强烈愿望使猎手决定，涉险跨过河流。

猎手伏下他的双手和膝盖，开始小心翼翼地在冰面上爬行起来。当他爬行到将近一半的时候，他的想象力开始空前活跃起来。

他似乎听到了冰面裂开的声音，他觉得随时都有可能跌落下去。在这个寒风凛冽的冰封日子，在这人迹罕至的荒郊野外，一旦跌入冰下，除了死亡，不会有第二种可能。

巨大的恐惧向猎手袭来，鹿已经勾不起他的兴趣，现在，他只想返回去，回到安全的岸边。但他已经爬行得太远了，无论是爬到对岸还是返回去，都危险重重。他的心在惊恐紧张中怦怦地跳动个不停，猎手趴在冰面上瑟瑟发抖，进退两难。

就在此时，猎手听到了一阵可怕的嘈杂声。当他心惊肉跳地向上望过去，他看到，一个农夫驾着一辆满载货物的马车，正悠然地驶过冰面。

当农夫看到匍匐在冰面上、满脸惊恐不安的猎手时，农夫一脸的莫明其妙，以为遇见了一个受到惊吓的疯子。

要知道，他每天都要从这冰面上往返数次，一直都没出过问题。

很多时候，我们踌躇不前，并非因为外界的阻挡，而是受到了内心的羁绊。在我们的成长过程中，来自内心的羁绊往往比现实的困难更能阻碍我们成长。

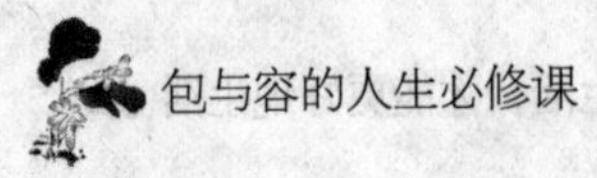

一根小小的柱子，一截细细的链子，拴得住一头千斤重的大象，这不荒谬吗？

那些驯象人，在大象还是小象的时候，就用一条铁链将它绑在水泥柱或钢柱上，无论小象怎么挣扎都无法挣脱。

小象渐渐地习惯了不挣扎，认为自己无法挣脱铁链。即使小象长成了大象，可以轻而易举地挣脱链子时，它还是从来也不挣扎。因为在它的内心里，它认为自己是永远无法挣脱铁链的。

小象是被链子绑住，而大象却是被它的心拴住了。

在大象成长的过程中，人类聪明地利用一条铁链限制了它，虽然那样的铁链根本拴不住有力的大象。在我们成长的环境中，是否也有许多肉眼看不见的链条束缚了我们？

于是，我们独特的创意被自己抹煞，认为自己无法成功致富；告诉自己难以成为配偶心目中理想的另一半，无法成为孩子心目中理想的父母、父母心目中理想的孩子。然后，开始向环境低头，甚至于开始认命、怨天尤人。

这一切都是我们心中那条束缚自我的铁链在作祟罢了。很多时候都是这样，烦恼和失败往往来自于自己的内心的羁绊。

第十章

包容的方与圆

包容不是姑息迁就

“痛打落水狗”可以理解为把事情做彻底，不留隐患。对坏人要看清其本质，不姑息迁就，但不能乘人之危、落井下石。

隋大业十三年(617年),盘踞在洛阳的王世充与李密对峙。此前，王世充在兴洛仓战役中几乎被李密打得全军覆没，几乎不敢再与他交锋了。

不过，王世充很快重整旗鼓，准备与李密再决胜负。现在还有一个问题令他发愁，那就是粮食。洛阳外围的粮仓都已被李密控制，城内的粮食供应一直显得非常紧张。他的部队也不例外，因为常常填不饱肚子，每天都有人偷偷跑到李密那边去。王世充很清楚，如果粮食问题不能得到及时的解决，他想留住士兵们的一切努力终归是徒劳，更甭提什么战胜李密。

在既无实力夺粮，又不可能从对手那里借粮的情况下，王世充想到了一个好主意：用李密目前最紧缺的东西去换取他的粮食。

王世充派人过去实地了解，回报说李密的士兵大都为衣服单薄而头痛。这就好办了！王世充欣喜若狂，当即向李密提出以衣易粮。李密起初不肯，无奈邴元真等人各求私利，老是在他耳边聒噪，说什么衣服太少会严重影响军心的安定，等等，李密不得已，只好答应下来。

王世充换来了粮食，部队的局面得到了根本的改观，士气进一步大振，尤其士兵叛逃至李密部的现象日益减少。李密也很快察觉了这一问题，连忙下令停止交易，但为时已晚，李密无形中已替王

世充养了一支精兵，也就是为他自己的前景徒然增添了许多难以预想的麻烦。

后来，恢复生机的王世充大败李密。这时，李密才后悔莫及，当初没有“痛打落水狗”才让自己遭此命运。

明末农民军首领张献忠所向披靡，打得官军狼狈不堪。但同样的事例还有一则：

崇祯十一年（1638年），农民军遇上了劲敌，那就是作战英勇的左良玉。张献忠冒充官军的旗号奔袭南阳，被明总兵左良玉识破，计谋失败，张献忠负伤退往湖北谷城；李自成、罗汝才、马守应、惠登相等几支农民军也相继失利，且分散于湖广、河南、江北一带，各自为战，互不配合。张献忠在谷城，处于官军包围之中，势力孤单，加上经过十余年的战争，农民军的粮饷很难筹集，处境十分恶劣。

张献忠经过一番思考，决定利用明朝高叫“招抚”的机会，将计就计。崇祯十一年春，张献忠得知陈洪范附属在熊文灿手下当总兵，大喜过望，原来陈洪范曾救过张献忠一命，而熊文灿的拿手戏则是以“抚”代“剿”。于是，他马上派人携重金去拜见陈洪范，说：“献忠蒙您的大恩，才得以活命，您不会忘记吧！我愿率部下归降来报效救命之恩。”陈洪范甚是惊喜，上报熊文灿，接受了张献忠。

此后，张献忠虽然名义上受“抚”，实际上仍然保持独立。经过一段时间休养生息之后，张献忠又于次年五月在谷城重举义旗，打得明朝官军措手不及。

李密在形势有利的情况下输给了王世充，从此一蹶不振；熊文灿过于轻信张献忠，把到手的胜利给丢掉了，究其原因都是没有拿出“痛打落水狗”的精神来，心慈手软，给对手以喘息之机。这对后人来说，实在是深刻的历史教训，应以此为鉴。

做人要有自己的原则

过去十多年了，约克还是忘不了1995年的圣诞夜，那天晚上，约克刚参加了大学同学组织的圣诞晚会。晚会结束时，将近凌晨了，在这种时候，谁不想早点儿到家呢？约克走得飞快，只差跑起来了。

刚走到路口，红绿灯就变了。对着约克的行人灯转成了“止步”：灯里那个小小的影儿从绿色的、大步走路的形象变成了红色的、双臂悬垂的立正形象。

这个时候，约克看没什么车辆，就毫不犹豫地过马路……

“站住！”身后传来一个苍老的声音，打破了沉寂的黑暗。约克的心突然一惊，原来是一对老夫妻。

约克转过身，惭愧地望着那对老人。

老先生说：“现在是红灯，不能走，要等绿灯亮了才能走。”约克的脸热了起来。他喃喃地说：“对不起，我看现在没车……”

老先生说：“交通规则就是原则，不是看有没有车。任何情况下，任何人都必须遵守原则！”从那一刻起，约克再也没有闯过红灯，他也一直记着老先生的话：“在任何情况下，都必须遵守原则！”

生活中，原则与规则一样重要，没有任何人在任何情况下，可以破坏它，否则就将受到惩罚。

作为交通规则，它的重要性越来越被人们关注。平时，老师在课堂上会给我们讲，父母在家里会给我们说，上学、放学的路上他们会一遍遍地叮嘱我们：过马路的时候一定要走人行横道，红灯亮时我们要停住脚步，黄灯亮时我们要耐心等待，绿灯亮时我们才可以走，等等，如果不遵守这些规则，就会遇到各种危险。

说起做人的原则就跟交通规则一样重要，一个没有原则的人就像一艘没有舵和罗盘的船，漫无目的地漂浮在海上，它会随着风向的变化而随时改变自己的方向，没有一个自己的方向，这样的人往往最容易丢失自己。

人与人之间的交往，我们做人、做事都在遵循一定的原则，如果一个人没有原则，他将很快变成另外一个人，丢失了原来讨人喜欢的自己，家人、朋友、同学、老师对他的印象也会改变。

一个人没有了做人的原则，也就没有了衡量自己对与错的尺度。如果自己都不知道哪些事该做，哪些事不该做，那么，就很容易走入歧途，甚至犯错。一旦你找到自己做人做事的原则，你就找到了自己的看法，懂得怎样正确处理每一件事情，同时还能养成良好的品质，这样的你，走到哪里都会受人欢迎，大家会说你是一个有原则的人。

把握善良的分寸

做人要做善良的人，这是公理。但如果放到具体的场合中去考察，则不可简单行事，而是要把握好善良的分寸。

善良是一种良好的心态，而不是盲目地去为别人做多少好事。为了做到与人为善，务必抑制自己过分行善的欲望。

当我们为自己的朋友以不公平的方式谋取了一个位置时，我们可能面对的是永远失去威信以及别人的尊重；当我们因为是熟人，而原谅了对方的错误时，那么，面临的可能后果是所有人都会对你犯错误而理由充分地回击你……至此之后的生活，一团乱麻。所以，做人不该因为善良而失去原则性，公私分明、客观公正、通情达理才是该做的。

珠海格力电器股份有限公司总裁董明珠就是一个为了原则可以“六亲不认”的人。

1994年底，董明珠在企业危难之际，受命出任格力经营部部长。不久，她就做出了一个超越常理的决定：去找洪总经理要财权。客户究竟在公司账上有没有钱、有多少钱，只有财务部才清楚。一些客户打了货款到格力却拿不到货，而一些客户没钱却拿到了货。有时经营部要发货了，开票员问这人有没有打钱过来，财务那边总是说：“我们也不清楚，要查账才知道。”这样，无论经营部如何负责，只要财务部不配合，都是事倍功半，难以使经营部的工作正常运转。长此下去，只怕又要重蹈格力以前的管理现状，职责不清，工作混乱。这是董明珠绝对难以容忍的。

洪总经理经过考虑，划出财务部的一部分归董明珠管。机会来之不易，董明珠慎重对待，她和有关同事一起建立了一套循环监督机制：计划受财务监督；财务受开票员监督；开票员受电脑统管监督；电脑统管受计划监督。

制度建立之后，关键就看能不能真正实行了。很多企业都有非常完美的规章制度，但就是在执行的过程中不能坚守原则，太会变通，以至于虽然很多企业都确立了一个清晰的愿景，但却总是事与愿违，无法实现。而大家都知道董明珠是一个坚守原则的人，所以当她强调“任何人不得有任何理由破坏以上机制”的时候，了解她的人都明白，谁敢破坏这个制度，谁就要倒霉了。很快，一个合理的网络便形成了：财务说有钱才能发货，发货后开票员记账，开票单再输入电脑。这样，财务往来多少钱都可以清清楚楚地反映在账上，每天都可以从账上看到有多少钱，发了多少货。这样

一来，董明珠随时都可以掌握格力的销售情况，任何业务员、经销商都不能再像以前一样钻空子了。在这个过程中，董明珠要求：经营部无论多晚都要当天清账，绝不能让当天的账过夜。一段时间以后，经营部的同事们就养成了习惯，当天的工作没完成，不管多晚都不会回家。

据董明珠介绍，自1995年5月以后，财务就再也没出现过混乱，也再没有应收款收不上来的现象。

在拖欠货款成风的今天，董明珠创造了一个“奇迹”。然而，就像董明珠所说，她能够创造这个“奇迹”，原因其实很简单：不交钱不发货，只要认真坚持下来，就不会有什么拖欠。正因为她坚守原则，所有人一视同仁，所以这些措施才能够很好地贯彻落实。

善良不是错，但是如果因为善良而失去了原则，那么，这种善良就是一种错。

不要一味地忍让

在武则天统治时期，有个丞相叫娄师德，史书上说他“宽淳清慎，犯而不校”。意思是：处世谨慎，待人宽厚，对触犯自己的人从不计较。

他弟弟出任代州刺史时，娄师德嘱咐说：“我们弟兄受到的恩宠太多了，这是要遭人嫉恨的。你想过没有，怎样才能保全自己？”弟弟回答说：“以后，有人朝我脸上吐唾沫，我擦干就是了，你尽管放心吧！”

娄师德忧虑地说：“我不放心的就是这点！人家唾你脸，是生你的气，你把唾沫擦掉，岂不是顶撞他？这只能使他更火。怎么办？

人家唾你，要笑眯眯地接受。唾在脸上的唾沫，不要擦掉，让它自己干！”

在封建社会，娄师德这种“唾面不拭”的做法，一直被传为美谈。然而，我们今天看来，这种不辨是非、不讲原则的一味忍让、屈从，以求保全自己的做法，并不是真正的宽容，是要不得的。这是因为，不加分析地对一切凌辱、欺压统统忍受、退让、委曲求全，不仅是十足的自轻自贱，甚或是奴颜婢膝，而且只能起到纵容邪恶势力、助长恶风邪气的作用。这样的“委曲求全”实质上与“姑息养奸”没有多大差别。

我们提倡的宽容，是指在一些非原则问题上不要斤斤计较，睚眦必报。在涉及全局和整体利益的问题上要坚持原则，严于律己，要避免打着宽容的幌子做老好人，而损害全局或整体的利益。

另外，胸襟开阔并非等于无限度地容忍，包容并不等于对已构成危害的犯罪行为加以接受或姑息。但对于个人而言，宽容往往会使人有更好的人际关系，自己在心理上也会减少仇恨和不健康的情感；对于一个群体而言，胸襟开阔，无疑是一种创造和谐气氛的调节剂。因此，宽容是建立良好的人际关系的一大法宝，以德服人是形成凝聚力的重要武器。

只有用“德”去治人，治你的事业和天下，你才会信心百倍地走向成功，同时你的完美个性才能得到体现。宽容是能够让人品德高尚的好习惯。我们应该培养这个习惯，从现在开始，用宽容、豁达主宰我们的品行，开创我们事业的美好前途。

胸襟开阔，是人生的奥秘。但胸襟开阔不是无原则地容忍、退让，胸襟开阔是一种超脱，是自我精神的解放，宽容要有点豪气。

乍暖还寒寻常事，淡妆浓抹总相宜。与其悲悲戚戚、郁郁寡欢地过一辈子，不如痛痛快快、潇潇洒洒地活一生，难道这不好吗？人活得累，是心累，常读一读这几句话就会轻松得多：“功名利禄四道墙，人人翻滚跑得忙；若是你能看得穿，一生快活不嫌长。”凡事到了淡，就到了最高境界，天高云淡，一片光明。

忍让搬弄是非者，毫无意义

有句俗语曾说“有人群的地方就有是非”，的确如此，没有人人前不说话，没有人背后不说人。但是，开口说话也要有分寸，不能信口雌黄，不能够搬弄是非。

有一个国王，他十分残暴而又刚愎自用。但他的宰相却是一个十分聪明、善良的人。国王有个理发师，常在国王面前搬弄是非，为此，宰相严厉地责备了他。从那以后，理发师便对宰相怀恨在心。

一天，理发师对国王说：“尊敬的大王，请您给我几天假和一些钱，我想去天堂看望我的父母。”

昏庸的国王很是惊奇，便同意了，并让理发师代他向自己的父母问好。

理发师选好日子，举行了仪式，跳进了一条河里，然后又偷偷爬上了对岸。过了几天，他趁许多人在河里洗澡的时候，探出头，说自己刚从天堂回来。

国王立即召见理发师，并问自己父母的情况。理发师谎报说：

“尊敬的国王，先王夫妇在天堂生活得很好，可再过十天，就要被赶下地狱了，因为他们丢失了自己生前的行善簿，所以要宰相亲自去详细汇报一下。为了很快到达天堂，应该让宰相乘火路去，这样先王就可以免去地狱之灾。”

国王听完后，立即召见了宰相，让他去一趟天堂。

宰相听了这些胡言乱语，便知道是理发师在捣鬼。可又不好拒绝国王的命令，心想："我一定要想办法活下来，要惩罚这个奸诈的理发师。"

第二天凌晨，宰相按照国王的吩咐，跳入一个火坑中，然后国王命人架上柴火，浇上油，然后点燃了，顿时火光冲天。全城百姓皆为失去了正直的宰相而叹息，那个理发师也以为仇人已死，不免扬扬得意起来。

其实，宰相安然无恙，原来他早就派人在火坑旁挖了通道，他顺着通道回到了家中。

一个月后，宰相穿着一身新衣，故意留着一脸胡子和长发，从那个火坑中走了出来，径直走向王宫。

国王听见宰相回来了，赶紧出来迎接。宰相对国王说：

"大王，先王和太后现在没有别的什么灾难，只有一件事使先王不安，就是他的胡须已经长得拖到脚背上了，先王叫你派个老理发师去。上次那个理发师没有跟先王告别，就私自逃回来了。对了，现在水路不通了，谁也不能从水路上天堂去。"

第二天，国王让理发师躺在市中心的广场上，周围架起干柴，然后命人点上了火。顿时，理发师被烧得鬼哭狼嚎似地乱叫。这个搬弄是非的家伙终于得到了应有的惩罚。

理发师肯定没有想到，杀死自己的不是利剑，而是自己的"舌头"。

与人相处，以诚为重，当那些心术不正、好搬弄是非的人，欲置你于死地而惬意时，你的忍让就没有任何意义了。这时，你不妨"以其人之道，还治其人之身"，让他也尝一尝你的"舌头"的厉害。

但是，不到万不得已，千万还是要以宽容之心包容他人之过。

但与此同时，你一定要端正自己的品行，不要搬弄是非，不要恶意地中伤他人，因为搬弄是非者，往往都没有好下场！

智慧地忍辱是有所不忍

忍辱是佛教六度中的第三度。在《遗教经》中有这样的文字：“能行忍者，乃可名为有力大人。若其不能欢喜忍受恶骂之毒，如饮甘露者，不名入道智慧人也。”如此看来，似乎唯有接受一切有理或无理的谩骂，才称得上是真正的忍辱；在《优婆塞戒经》中，需要“忍”的“辱”就更多了：从饥、渴、寒、热到苦、乐、骂詈、恶口、恶事，无一不需要忍。

难道修行者必须忍受世间一切，才能获得解脱吗？

圣严法师承认忍辱在佛教修行中非常重要，佛法倡导每个修行者不仅要为个人忍，还要为众生忍。但是，所谓“忍辱”应该是有智慧地忍。

第一，有智慧地“忍辱”须是发自内心的。

有位青年脾气很暴躁，经常和别人打架，大家都不喜欢他。

有一天，这位青年无意中游荡到了大德寺，碰巧听到一位禅师在说法。他听完后发誓痛改前非，于是对禅师说：“师父，我以后再也不跟人家打架了，免得人见人烦，就算是别人朝我脸上吐口水，我也只是忍耐地擦去，默默地承受！”

禅师听了青年的话，笑着说：“哎，何必呢？就让口水自己干了吧，何必擦掉呢？”

青年听后，有些惊讶，于是问禅师：“那怎么可能呢？为什么要这样忍受呢？”

禅师说：“这没有什么能不能忍受的，你就把它当作蚊虫之类的停在脸上，不值得与它打架，虽然被吐了口水，但并不是什么侮辱，就微笑地接受吧！”

青年又问：“如果对方不是吐口水，而是用拳头打过来，那可怎么办呢？”

禅师回答：“这不一样吗！不要太在意！这只不过一拳而已。”

青年听了，认为禅师实在是岂有此理，终于忍耐不住，忽然举起拳头，向禅师的头上打去，并问：“和尚，现在怎么办？”

禅师非常关切地说：“我的头硬得像石头，并没有什么感觉，但是你的手大概打痛了吧？”青年愣在那里，实在无话可说，火气消了，心有大悟。

禅师告诉青年“忍辱”的方式，并身体力行，他之所以能够坦然接受青年的无理取闹，正是因为他心中无一辱，所以青年的怒火伤不到他半根毫毛。在禅宗中，这叫作无相忍辱。这位禅师的忍辱是自愿的，他想通过这种方式感化青年，并且取得了效果。生活中还有些人，面对羞辱时虽然忍住了嗔火或抱怨，但内心却因此懊恼、悔恨，这种情况就不能称为“有智慧地忍辱”了。

第二，圣严法师提倡的“有智慧地忍辱”应该是趋利避害的。

所谓的“利”，应该是他人的利、大众的利，“害”也是对他人的害、对大众的害。故事中禅师的做法是圣严法师提倡的忍辱，在这个过程中，法师虽然挨了青年一拳，但青年因此受到了感化。对于禅师来说，虽然于自己无益，但对他人有益，所以这样的忍辱是有价值的；如果说对双方都无损且有益的话，就更应该忍耐一下了。但也存在一种情况，忍耐可能对双方都有害而无益。

所以，一旦出现这种情况，不仅不能忍耐，还需要设法避免或转化它。圣严法师举了这样的例子：一个人如果明知道对方是疯狗、魔头，见人就咬、逢人就杀，就不能默默忍受了，必须设法制止可能会出现的不幸。这既是对他人、众生的慈悲，也是对对方的慈悲，因为“对方已经不幸，切莫让他再制造更多的不幸”。

智者的“忍”更需遵循圣严法师的教导，有所忍有所不忍，为他人忍，有原则地忍。

沉默有时是一种自我伤害

“沉默是金”被很多人所认同，认为有些事情无须过多解释，时间终会让真相大白的，但是很多时候，如果不及时地解决这些问题的话，就会给我们造成巨大的物质上的损失，以及长时间精神上的折磨，甚至让我们因此丧失生命。

在一个治安状况很差的城市中，一位检察官正直、勇敢、不屈不挠地与恶势力斗争，因而引起了当地许多暴力团伙的刻骨仇恨，一再威胁、恐吓、骚扰，但检察官毫不动摇。不料，一家很有影响的报社突然报道了他与女职员的亲密关系，还配发了两人在一起走路、交谈的照片，文中对他的评价是“伪君子、无耻之徒”。其实那不过是一次公务会面，而检察官对此也不想理会。

岂料，这样的谣言越来越多，检察官的生活陷入一片混乱，甚至家人也不再信任他。当他得知自己将接受一次关于受贿指控的调查时，他的精神终于崩溃了。他选择了死亡，用血的惊叹号来证明自己的清白。在他的遗书中，他写道：“现在我知道，名誉比生命价值更高。在我被彻底玷污之前，我必须离开……”

一个坚强的硬汉，败在了捕风捉影的谣言下。他深知暴力手段

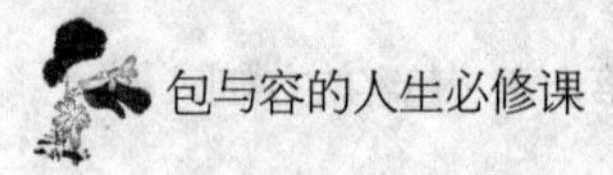

不仅无法损害他的名誉，还会为他增添光彩；而只要一点点谣言，就能在他的名誉上制造一个污点，失去人们信任的他只会走向毁灭。

生命中难免会遭遇各种各样的误会，甚至是别人的诋毁，如果我们此时还坚持“清者自清”的古训，那么，受伤害的只能是自己。沉默并不是最佳的选择，只有站出来，采用适当的方式澄清自己，才可能消除谣言和不良影响，维护自己的名誉。

中国台湾产的“玛莉药皂”本来是销路很好的商品，但由于一度传说由美国进口的药皂中某种物质含量过大，有害人体，于是它的销量一下子萎缩了2/3。制皂公司在检测产品没有问题之后，决心挽回信誉。

他们在中国台湾的主要报刊上同时刊出一则《玛莉征求受害人》的广告。说凡是因使用“玛莉药皂”有不良反应的，经医院证明，且复查属实，就可以得到50万新台币以上的赔偿。但要求受害者10天之内将有关证明直接寄到律师事务所。3天以后，他们又刊出这则广告，印出“截至目前，无应征受害人”。

又过3天，广告再次出现，说“应征受害人有两个”，然后说明其中一个没有医院的证明，不受理，而另一个在复查中。再过3天，广告第三次出现，题目为《谁是受害人》，说那个受害人经复查，皮肤红疹为吃海鲜所致，受害人自行撤诉，并申明，一过10天期限，就不再受理此类案子。

等到超过10天期限后，他们马上登出整版广告，标题为《我是受害人》，说自己才是最无辜的受害者，因为寻遍世界各地，并无“玛莉药皂”致病先例！广告上设计了一副手铐铐着“玛莉药皂”。这则广告一做，果然引起轰动，轰动之余便是“玛莉药皂”的销售量回升。

如果"玛莉药皂"的厂商对于谣言采取不予理睬的态度，认为时间会证明一切，那么"玛莉药皂"的销量一定还会受到影响，因为一旦有了坏的影响，人们一般就会采取宁可信其有不可信其无的态度。销售量长期受到影响，导致的则是企业的生存危机，如果企业都倒闭了，还谈什么"清者自清"，所以时间上根本不容许真相的证明。厂商正是采取了巧妙的方式澄清了事实，才让企业的经营状况也得到了好转。

因此如果遭到误会或者诽谤，就需要通过正确的方式消除误会和影响，以减少损失和伤害。

忍无可忍，不做沉默的羔羊

在社会上，有些人总是本本分分、规规矩矩，他们在工作中任劳任怨，在生活中洁身自好，各个方面都达到了社会规范的基本要求。然而，他们总是吃亏，就算是被人欺负了，遭受了不公正的待遇还是忍气吞声，就像一只"沉默的羔羊"，他们这种逆来顺受的性格只会导致别人的再次侵害。俄国著名作家契诃夫的一篇文章就足以说明这一点。

一天，史密斯把孩子的家庭教师尤丽娅·瓦西里耶夫娜请到他的办公室来，需要结算一下工钱。

史密斯对她说："请坐，尤丽娅·瓦西里耶夫娜！让我们算算工钱吧。你也许要用钱，你太拘泥于礼节，自己是不肯开口的……呶……我们和你讲妥，每月30卢布……"

"40卢布……"

"不，30……我这里有记载，我一向按30卢布付教师的工资的……呶，你待了两个月……”

“两个月零5天……”

“整两月……我这里是这样记的。这就是说，应付你60卢布……扣除9个星期日……实际上星期日你是不和柯里雅搞学习的，只不过游玩……还有3个节日……”

尤丽娅·瓦西里耶夫娜骤然涨红了脸，牵动着衣襟，但一语不发。

“3个节日一并扣除，应扣12卢布……柯里雅有病4天没学习……你只和瓦里雅一人学习……你牙痛3天，我内人准你午饭后歇假……12加7得19，扣除……还剩……嗯……41卢布。对吧？”

尤丽娅·瓦西里耶夫娜两眼发红，下巴在颤抖。她神经质地咳嗽起来，擤了擤鼻涕，但一语不发。

“新年底，你打碎一个带底碟的配套茶杯，扣除2卢布……按理茶杯的价钱还高，它是传家之宝……我们的财产到处丢失！而后，由于你的疏忽，柯里雅爬树撕破礼服……扣除10卢布……女仆盗走瓦里雅皮鞋一双，也是由于你玩忽职守，你应负一切责任，你是拿工资的嘛，所以，也就是说，再扣除5卢布……1月9日你从我这里支取了9卢布……”

“我没支过……”尤丽娅·瓦西里耶夫娜嗫嚅着。

“可我这里有记载！”

“呶……那就算这样，也行。”

“41减26净得15。”

尤丽娅两眼充满泪水，长而修美的小鼻子渗着汗珠，多么令人怜悯的小姑娘啊！

她用颤抖的声音说道：“有一次我只从您夫人那里支取了3卢布……再没支过……”

“是吗？这么说，我这里漏记了！从15卢布再扣除……喏，这是你的钱，最可爱的姑娘，3 卢布……3 卢布……又 3 卢布……1 卢布再加 1 卢布……请收下吧！”史密斯把 12 卢布递给了她，她接过去，喃喃地说：“谢谢。”

史密斯一跃而起，开始在屋内踱来踱去。“为什么说‘谢谢’？”史密斯问。

“为了给钱……”

“可是我洗劫了你，鬼晓得，这是抢劫！实际上我偷了你的钱！为什么还说‘谢谢’？”“在别处，根本一文不给。”

“不给？怪啦！我和你开玩笑，对你的教训是太残酷……我要把你应得的 80 卢布如数付给你！喏，事先已给你装好在信封里了！你为什么不抗议？为什么沉默不语？难道生在这个世界口笨嘴拙行吗？难道可以这样软弱吗？”

史密斯请她对自己刚才所开的玩笑给予宽恕，接着把使她大为惊疑的 80 卢布递给了她。她羞羞地过了一下数，就走出去了……

对于文中女主人公的遭遇，我们能用什么词汇来形容呢？懦弱、可怜、胆小？就像鲁迅先生说的：“哀其不幸，怒其不争。”生活中，如果我们无端地被单位扣了工资，我们的反应又是怎样的呢？

人活着就要学会捍卫自己的利益，该是你的你无须忍让。除了抛弃这种“受气包”的心态，还要从心理上认同，有时“斤斤计较”并不丢脸。

百忍成金，不泄一时之恨

一位先哲曾说过：“人如果没有忍让之心，生命就会被无休止的报复和仇恨所支配。”因此，在生活中，我们一定要学会忍让，因为忍让是让我们获得心灵平静的法宝，也是做人的需要。

在社会上，我们难免与别人产生摩擦、误会，甚至仇恨，但只要在自己的仇恨袋里装上忍让，那就会少一分烦恼，多一分快乐。

忍让说起来简单，可做起来并不容易。因为任何忍让都是要付出代价的，甚至是痛苦的代价。

森林里，狗熊突然闯进了小蜜蜂的家。它趁小蜜蜂们都外出采花粉时，偷吃了一大桶蜂蜜后，溜回了自己的家。

小蜜蜂们回家后，见辛辛苦苦酿的蜜被狗熊偷吃了，都十分气愤，它们聚集在一起，商量着要去找狗熊报仇。

一位过路的神见了，便说："你们原谅狗熊一次吧，不然，你们在报复它的同时，自己也会受到伤害的。"

"不，此仇不报，我们心中的怨气就难消。"领头的那只小蜜蜂对神说完这句话后，便领着其他的伙伴，浩浩荡荡地出发了。

正在家里酣睡的狗熊被嗡嗡声惊醒时，才发现自己被成千上万只小蜜蜂团团包围住。狗熊忙爬起来逃命，可小蜜蜂们仍穷追不舍，它们纷纷把身上的毒针狠狠地向狗熊刺去。

狗熊浑身被刺得全是大大小小的包，又痛又痒了好几天。而那些把毒针留在狗熊身体里的小蜜蜂们，回去后没多久就全死了。

人和人之间相处难免会有一些不愉快的事发生，尤其在这科技日益进步、工商日益发达的社会中，到处充满了来自生活环境、工作、升学等的压力，那些受压力影响的人们，性情容易变得暴躁，情绪较不稳定，冲突往往一触即发。

许多人血气方刚，常常就为了发泄一时心头之恨，而糊涂地犯下滔天大罪，造成了终身遗憾和家人的不幸，实在是太不值得。其实只要在做事之前多一分考量，并以清晰的头脑，心平气和的态度去面对，就可以避免人与人之间所有的不愉快了。

梦窗国师有一次渡河，船已经起航了。这时来了一位带刀的将军，喊着船夫载他过去。全船的人都说，船已开了，不可回头。船夫也喊着，要他等下一班。这时梦窗国师说："船家，船离岸不远，还是给他一点方便吧！"船夫看到是一位出家人讲话，就回头去载将军。没想到将军一上船，正好站在国师身边。他拿起鞭子就抽打国师，并吆喝着："和尚！走开点，把位子让给我！"鞭子打在梦窗的头上，鲜血汩汩地流着，他却一语不发。过了河，梦窗跟着大家下船，走到水边默默地把脸上的血洗净。

这时蛮横的将军，对自己的恩将仇报很惭愧，就过去向梦窗国师道歉。而梦窗国师却心平气和地说："不要紧！出门在外的人心情总是不太好！"

显然，梦窗国师的大度是值得我们现代人学习的。

在人与人之间的日常交往中，磕磕碰碰是难免的，但只要不是原则性的问题，就应该各自主动退让，宽以待人，少计较得失，这样有利于减少矛盾，维护人际间的和谐，于人于己，都是有益身心的事情。

忍让，是中国的传统美德，也是一门大学问。俗语说得好："忍一时风平浪静，退一步海阔天空。"就是说明忍让不论在人格、品行还是待人接物上的重要性，如果大家能重视并学习忍让，社会必会祥和无争，而世界也都将处于和睦快乐的境界中。

忍一时风平浪静，忍一世一事无成

酒、色、财、气，人生四关，我们可以滴酒不沾，可以坐怀不乱，可以不贪钱财，却很难不生气。所以“气”关最难过，要想过这一关就须学会忍。

忍什么？一要忍气，二要忍辱。气指气愤，辱指屈辱。气愤来自于生活中的不公，屈辱产生于人格上的褒贬。在中国人眼里，忍耐是一种美德，是一种成熟的涵养，更是一种以屈求伸的深谋远虑。

“吃亏人常在，能忍者自安”，是提倡忍耐的至理箴言。忍耐是人类适应自然选择和社会竞争的一种方式。大凡世上的无谓争端多起于小事，一时不能忍，铸成大错，不仅伤人，而且害己，此乃匹夫之勇。凡事能忍者，不是英雄，至少也是达士；而凡事不能忍者，纵然有点愚勇，终归城府太浅，不成大事。人有时太愚，小气不愿咽，大祸接踵来。

忍耐并非懦弱，而是于从容之中冷嘲或蔑视对方。

无论是民族还是个人，生存的时间越长，忍耐的功夫越深。生存在这世上，要成就一番事业，谁都难免经受一段忍辱负重的曲折历程。因此，忍辱几乎是有所作为的必然代价，能不能忍受则是伟人与凡人之间的区别。

“能忍者自安”，忍耐既可明哲保身，又能以屈求伸，因此凡是胸怀大志的人都应该学会忍耐、忍耐、再忍耐。

但忍耐绝不是无止境地让步，而要有一个度，超过了这个度就要学会反击。

一条大蛇危害人间，伤了不少人畜，以致农夫不敢下田耕地，商贾无法外出做买卖，大人不放心让孩子上学，到最后，每个人都不敢外出了。

大家无奈之余，便到寺庙的住持那儿求救，大伙儿听说这位住持是位高僧，讲道时连顽石都会被点化，无论多凶残的野兽都会被

驯服。

不久之后，大师就以自己的修为，驯服并教化了这条蛇，不但教它不可随意伤人，还点化了许多处世的道理，而蛇也从那天起仿佛有了灵性一般。

人们慢慢发现这条蛇完全变了，甚至还有些畏怯与懦弱，于是纷纷欺侮它。有人拿竹棍打它，有人拿石头砸它，连一些顽皮的小孩都敢去逗弄它。

某日，蛇遍体鳞伤，气喘吁吁地爬到住持那儿。“你怎么啦？”住持见到蛇这个样子，不禁大吃一惊。“我……”大蛇一时间为之语塞。“别急，有话慢慢说！”住持的眼里满是关怀。

“你不是一再教导我应该与世无争，和大家和睦相处，不要做出伤害人畜的事吗？可是你看，人善被人欺，蛇善遭人戏，你的教导真的对吗？”“唉！”住持叹了一口气后说道，“我只是要求你不要伤害人畜，并没有不让你吓唬他们啊！”“我……”大蛇又为之语塞。

忍耐是一种智慧，但一味地忍让真就成了一种懦弱，凡事都有一个度，把握好这个度，才是正确的处世之道。

但是，如何掌握忍让这个度，乃是一种人生艺术和智慧，也是“忍”的关键。这里，很难说有什么通用的尺度和准则，更多的是随着所忍之人、所忍之事、所忍之时空的不同而变化。它要求有一种对具体环境、具体情况作出具体分析的能力。

总之，善忍，须懂得忍一时风平浪静，忍一世一事无成的道理，当忍则忍，忍无可忍时，则无须再忍！

不必委曲求全，不必睚眦必报

人生究竟应该以德报怨，以怨报怨，还是以直报怨呢？然而，我们的人生经验会告诉我们，有的人德行不够，无论你怎么感化，恐怕他也难以修成正果。人们常说江山易改，禀性难移，如果一个人已经坏到底了，那么我们又何苦把宝贵的精力浪费在他的身上呢？现代社会生活节奏的加快，使得我们每个人都要学会在快节奏的社会中生存，用自己宝贵的时光做出最有价值的判断、选择。你在那里耗费半天的时间，没准儿人家还不领情，既然如此，就不用再做徒劳的事情了。

电影《肖申克的救赎》中有一句非常经典的台词："强者自救，圣人救人。"不要把自己当作一个圣人来看待，指望自己能够拯救别人的灵魂，这样做的结果多半是徒劳无益的，何不将时间用在更有价值的事情上呢？

当然，我们主张明辨是非。但是要记住，对方错了，要告诉他错在何处，并要求对方就其过错补偿。如果不论是非，就不能确定何为直。"以直报怨"的"直"不仅仅有直接的意思，"直"，既要有道理，也要告诉对方，你哪里错了，侵犯了我什么地方。

有人奉行"以德报怨"，你对我坏，我还是对你好，你打了我的左脸，我就把右脸也凑过去，直到最终感化你；有人则相反，以怨报怨，你伤害我，我也伤害你，以毒攻毒，以恶制恶，通过这种方法来消灭世界上的坏事。其实，二者都有失偏颇，以德报怨，不能惩恶扬善；以怨报怨，则冤冤相报何时了？

经济学家茅于轼陪一位外国朋友去首都机场，打了辆出租车，

等到从机场回来，他发现司机做了小小的手脚，没按往返计费，而是按“单程”的标准来计价，多算了60元钱。

这时候有三种方法可以选择：一是向主管部门告发这个司机，那么他不但收不到这笔车费，还将被处罚；二是自认倒霉，算了；三是指出其错误，按应付的价钱付费。

外国朋友建议用第一种办法，茅于轼选择了第三种，他说，这是一种有原则的宽容，我不会以怨报怨，也不会以德报怨，而是以直报怨。如我仅还以德，那么他将不知悔改，实质上是在纵容他；我若还以怨，斤斤计较，则影响了双方的效率与效益；我指出他的错误，然后公平地对待他，则是最直截了当的方法。

以怨报怨，最终得到的是怨气的平方；以德报怨，除非真的到达一定境界，否则只会让你心中不知不觉存积更多的怨。其实，做人只要以直报怨，以有原则的宽容待人，问心无愧即可。

宽容不是纵容，不要让有错误的人得寸进尺，把错误当成理所当然的权利，继续侵占原本属于你的空间。挑明应遵守的原则，柔中带刚，思圆行方，既可以宽容错误的行为，又能改正他的错误。

当人们面对伤害时，以德报怨恐怕大多数人都做不到。不必为难，你只需以直报怨就好了。不必委曲求全，也不要睚眦必报，有选择、有原则的宽容，于己于人都有利。